Pierre DUHEM
Membre de l'Institut,
Professeur à l'Université de Bordeaux.

La Science Allemande

PARIS
Librairie Scientifique A. HERMANN & FILS
LIBRAIRES DE S. M. LE ROI DE SUÈDE
6, RUE DE LA SORBONNE, 6

1915

Ces quatre leçons sur LA SCIENCE ALLEMANDE *ont été données à Bordeaux, sous les auspices de l'*ASSOCIATION DES ÉTUDIANTS CATHOLIQUES DE L'UNIVERSITÉ, *les 25 Février, 4 Mars, 11 Mars et 18 Mars de l'année 1915.*

La
Science Allemande

AUX ÉTUDIANTS CATHOLIQUES

DE L'UNIVERSITÉ DE BORDEAUX

Je dédie ces *Leçons*, composées à leur demande et données sous leurs auspices.

Avec l'aide de Dieu, puissent ces humbles pages, en eux, en tous leurs camarades, garder et promouvoir le clair génie de notre France !

PREMIÈRE LEÇON

Les Sciences de Raisonnement.

Mesdames, Messieurs,

Si jamais le mot conspirer a pu être dit avec la plénitude de son sens, c'est assurément de la France qui vit sous nos yeux ; toutes les poitrines y halètent du même souffle, tous les cœurs y battent des mêmes sentiments, une seule âme fait agir ce grand corps. Pour sauver et racheter la terre de France, vos aînés, chers étudiants, vos condisciples l'arrosent d'un sang qui ne sait pas se marchander. Il y a peu de temps, je serrais la main de ceux d'entre vous qui appartiennent à la classe 1915 ; et lorsque je leur disais : Au revoir, que Dieu vous protège ! je voyais briller dans leurs yeux un éclair de joie ; un jeune français n'est pleinement heureux d'accomplir son devoir que s'il est très dangereux. Et vous, leurs cadets, je vois parfois vos mains se serrer, car vous rêvez de l'arme vengeresse, et vous croyez déjà la tenir. Autour de vous, mères, épouses, sœurs, filles de soldats travaillent à l'envi pour alléger les épreuves des combattants ou les souffrances des blessés ; et s'il est des fronts qu'ombrage un voile de deuil, ces fronts nous semblent rayonner sous le crêpe, car l'acceptation du sacrifice y pose son auréole.

Au milieu de cette conspiration, celui qui va vous

parler éprouvait une profonde angoisse; sauf par la prière, il se voyait incapable de collaborer à la grande œuvre commune. De cette douleur, causée par la conscience de l'inutilité, M. l'Abbé Bergereau a eu pitié. Il m'a dit : Le sol du pays n'est pas seul envahi. La pensée étrangère a réduit en servitude la pensée française. Venez sonner la charge qui délivrera l'âme de la Patrie !

On m'assigne mon poste de combat, j'accours; le poste est sans danger, il sera donc sans gloire; je n'y puis verser mon sang, mais j'y verserai tout ce que mon cœur contient de dévouement.

Je viens devant vous prendre mon humble part à la défense nationale.

Il n'est personne qui n'ait étudié, peu ou prou, les principes de l'Arithmétique et de la Géométrie. On sait donc communément que les propositions dont se composent ces sciences se partagent en deux catégories; les unes, peu nombreuses, sont les axiomes; les autres, innombrables, sont les théorèmes. Parmi les sciences de raisonnement, l'Arithmétique et la Géométrie sont les plus simples et, partant, les plus complètement achevées; en chacune de ces sciences, on devra de même distinguer les théorèmes des axiomes.

Les axiomes sont les sources, les principes des théorèmes; conduit suivant des règles qui sont, pour l'intelligence humaine, comme les effets spontanés d'un instinct naturel, mais que la Logique analyse et formule, le raisonnement déductif oblige quiconque admet la vérité des axiomes à recevoir également les théorèmes qui en sont les conséquences.

Des axiomes, quelle est la source ? Ils sont tirés, dit-on d'ordinaire, de la connaissance commune : c'est-à-dire que tout homme sain d'esprit se tient pour assuré de leur vérité avant d'avoir étudié la science dont ils seront les fondements. Qu'un homme, par exemple, qu'un enfant en possession de sa raison, mais ignorant encore l'Arithmétique et la Géométrie, entende formuler ces propositions :

La somme de deux nombres ne change pas quand on intervertit l'ordre suivant lequel on ajoute ces deux nombres l'un à l'autre.

Un tout est plus grand que chacune de ses parties.

Par deux points, on peut toujours faire passer une ligne droite et l'on n'en peut faire passer qu'une seule.

Aussitôt que cet homme, que cet enfant, aura porté son attention sur la proposition qu'il vient d'entendre, qu'il l'aura fixée avec les yeux de l'intelligence (*intuere*), il la tiendra pour vraie ; aussi dit-on qu'il en a une certitude *intuitive*.

Il n'en sera plus de même d'un théorème. Une personne qui n'a pas étudié l'Arithmétique ne saura pas si elle entend proférer une erreur ou une vérité lorsqu'on formulera devant elle cette proposition : Le plus petit multiple commun de deux nombres est le quotient du produit de ces deux nombres par leur plus grand commun diviseur. Son incertitude sera la même si on lui dit que le volume de la sphère a pour mesure le produit de la surface par le tiers du rayon, et si elle ignore la Géométrie. Pour qu'elle en vienne à regarder ces propositions comme vérités très assurées, il faut qu'elle ait la patience de parcourir (*discurrere*) une longue suite de raisonnements qui, de conséquence en conséquence, lui montreront comment la certitude des axiomes se transmet aux théorèmes. Voilà pourquoi nous n'avons, de la vérité des théorèmes, qu'une connaissance *discursive*.

Pour marquer le caractère immédiat que présente l'évidence des axiomes, on compare volontiers cette évidence à une perception ; nous *voyons*, dit-on, que telle proposition est vraie ; la certitude en est *palpable* ; la faculté par laquelle nous connaissons les axiomes reçoit le nom de sens ; c'est le *sens commun*, le *bon sens*.

Souvent, aussi, pour mieux opposer la promptitude de l'opération intellectuelle qui reconnaît la vérité d'un principe à la lenteur du raisonnement discursif, propre à démontrer les théorèmes, on donne à cette opération le nom de sentiment ; c'est le *sentiment du vrai* ; on l'éprouve d'emblée quand l'attention s'arrête sur un principe, comme, d'emblée, la vue d'un chef-d'œuvre de l'art fait éprouver le sentiment du beau, comme le récit d'un acte héroïque fait éprouver d'emblée le sentiment du bien.

« Nous connaissons la vérité non seulement par la raison, mais encore par le cœur, a dit Pascal (1) ; c'est de cette dernière sorte que nous connaissons les premiers principes. Et c'est sur ces connaissances du cœur et de l'instinct qu'il faut que la raison s'appuie et qu'elle y fonde tout son discours. Le cœur sent qu'il y a trois dimensions dans l'espace, et que les nombres sont infinis ; et la raison démontre ensuite qu'il n'y a pas deux nombres carrés dont l'un soit double de l'autre. Les principes se sentent, les propositions se concluent ; et le tout avec certitude, quoique par différentes voies. »

Le bon sens, que Pascal nomme ici le cœur, pour saisir intuitivement l'évidence des axiomes ; la méthode déductive pour aboutir, par le progrès rigoureux, mais

(1) Pascal, *Pensées*, art. VIII.

lent, du *discours*, à la démonstration des théorèmes. voilà les deux moyens qu'emploie l'intelligence humaine lorsqu'elle veut construire une science de raisonnement.

A l'usage de chacun de ces deux moyens, tout esprit n'est pas également adapté.

Il n'est pas besoin d'avoir poussé fort avant ses études d'Arithmétique ou de Géométrie pour savoir combien est pénible le maniement du raisonnement rigoureux à l'aide duquel procèdent ces deux sciences; nombre de gens, et qui ne sont point des sots, ne peuvent plier leur intelligence à cette démarche si minutieusement prudente et si sévèrement disciplinée. Les commençants, les esprits rebelles aux Mathématiques ne sont point seuls, d'ailleurs, à rencontrer, dans l'usage de la méthode déductive, de redoutables difficultés; à ces difficultés, on a vu achopper les plus habiles algébristes, les plus illustres géomètres. Les grands hommes qui, du XVIIe siècle au milieu du XIXe siècle, ont créé l'Algèbre, le Calcul intégral, la Mécanique céleste. ont souvent justifié leurs plus importantes découvertes à l'aide de raisonnements défectueux ou même de paralogismes flagrants. L'une des tâches essentielles qu'ont accomplies, sous la géniale impulsion d'Augustin Cauchy, les mathématiciens de la seconde moitié du XIXe siècle, a été de reprendre toute l'œuvre de leurs devanciers, pour compléter et rectifier les raisonnements de ceux-ci, pour leur montrer « comment ils auraient dû trouver ce qu'ils avaient si bien inventé. »

Ces erreurs auxquelles. si souvent et si aisément, sont exposées les déductions des plus habiles mathématiciens, quelle en est la cause la plus fréquente et la plus dangereuse ? La précipitation.

Vous est-il arrivé, à la descente d'une montagne,

d'être, dans un sentier abrupt et glissant, précédé par un mulet ? Avez-vous observé les précautions avec lesquelles la bête n'avance un pied qu'après avoir soigneusement assuré les trois autres ? Avez-vous remarqué les tâtonnements par lesquels elle essaye, du bout du sabot, la solidité du roc où le quatrième pied va se poser ? Impatienté par cette prudente mais agaçante lenteur, n'avez-vous pas profité du premier élargissement du sentier pour devancer l'ennuyeux animal ? Ainsi marche le raisonnement déductif. Il n'avance aucune proposition qu'il n'ait rigoureusement démontré toutes les précédentes ; et la proposition nouvelle ne sera pas établie avec moins d'attention.

L'inventeur qui a deviné quelque vérité, supporte avec impatience la longueur et la minutie des précautions qu'il lui faudrait garder pour donner à sa découverte une entière certitude ; de temps en temps, il lui arrive de franchir quelque intermédiaire qu'il juge peu important et facile à suppléer ; hâte dangereuse ! c'est presque toujours un semblable bond qui le fait glisser et tomber dans l'erreur.

Lorsque Laplace, au bout d'un raisonnement, trouvait une conclusion que, par ailleurs, il savait erronée, lorsqu'il voulait découvrir en quel point sa déduction était fautive, il la remontait jusqu'à l'endroit où se lisaient des mots tels que ceux-ci : On voit facilement que.... Toujours, le paralogisme tenait son gîte dans les intermédiaires que le grand astronome avait cru pouvoir sauter.

Cette lente et prudente démarche de la méthode déductive, qui n'avance que pas à pas, dont chaque progrès doit obéir à la discipline rigoureuse que lui imposent les règles de la Logique, c'est, par excellence, l'allure qui convient à l'esprit allemand. L'Allemand est patient; il ignore la fiévreuse précipitation; aussi, plus nombreuses en Allemagne qu'ailleurs sont certainement les intelligences capables de forger une longue chaîne de raisonnements dont chaque maillon ait été minutieusement éprouvé.

Durant la seconde moitié du XIXe siècle, les mathématiciens, nous l'avons dit, ont accompli la tâche ardue de retrouver, par des raisonnements d'une impeccable rigueur, mainte théorie que leurs devanciers avaient trop hâtivement formulée. C'est, nous l'avons dit également, un mathématicien français, Augustin Cauchy, qui reconnut le premier la nécesssité d'une telle œuvre et montra, par son exemple, comment il la fallait accomplir. Cette œuvre fut poursuivie dans les pays les plus divers; au norvégien Henrik Niels Abel, elle doit un de ses outils essentiels, la notion de convergence uniforme d'une série. Mais s'il est une école qui en ait, pour ainsi dire, fait sa spécialité, c'est assurément celle que dirigeait, à Berlin, l'algébriste Weierstrass. Weierstrass était passé maître dans l'art de découvrir des fautes de raisonnement là où ses prédécesseurs croyaient avoir produit une déduction d'une irréprochable vigueur; avec une habileté consommée, il remplaçait les parties défectueuses de la chaîne par un enchaînement nouveau qui ne risquât plus la moindre rupture. Les disciples de Weierstrass héritèrent de la sévérité logique de leur maître. L'un d'eux, le professeur Hermann Amandus Schwartz, aime à dire : « Je suis le seul mathématicien qui ne se soit jamais trompé ». Schwartz achète, il est vrai, cette impeccable sécurité au prix d'une extrême minutie; au cours de ses déductions, il ne laisse jamais au lecteur le soin de suppléer le moindre intermédiaire;

un de mes amis, qui est aujourd'hui un de nos grands géomètres, et qui suivit autrefois, à Gœttingue, le cours de Schwartz, me disait à quelle rude épreuve la lenteur du géomètre allemand soumettait ses nerfs de français.

Cette grande aptitude à déduire avec une impeccable rigueur est, croyons-nous, la marque de l'intelligence allemande ; c'est elle qui, à la science germanique, imprimera ses caractères propres ; c'est elle qui distinguera cette science des doctrines développées en France, en Italie, en Angleterre ; elle expliquera les qualités comme les défauts des méthodes qui sont en faveur outre-Rhin.

Il est, parmi les hommes, des intelligences d'élite où chaque faculté s'est très amplement développée, où, cependant, ces facultés également puissantes ont gardé, les unes à l'égard des autres, le plus harmonieux accord et le plus parfait équilibre. Mais ces raisons si heureusement construites sont fort rares. Un organe ne peut guère, dans le corps, prendre un développement exceptionnel qu'il n'affaiblisse et ne diminue les organes voisins. Il en est de même pour l'esprit. L'extrême vigueur d'une faculté se paye souvent par la faiblesse d'une autre faculté. Ceux à qui la vivacité de leur bon sens permet de saisir le vrai d'une vue intuitive aussi prompte que juste, sont parfois aussi ceux qui ont le plus de peine à se plier à la prudente discipline, à la rigoureuse lenteur de la méthode déductive. Ceux, par contre, qui suivent le plus exactement les règles de cette méthode pèchent fréquemment par défaut de sens commun.

Sous la gravité du philosophe, Descartes cache bien souvent l'esprit caustique d'un impitoyable pince-sansrire. C'est assurément cet esprit qui lui faisait écrire, au début du *Discours de la méthode* :

« Le bon sens est la chose du monde la mieux partagée ; car chacun pense en être si bien pourvu, que ceux mêmes qui sont les plus difficiles à contenter en toute autre chose, n'ont point coutume d'en désirer plus qu'ils n'en ont. En quoi il n'est pas vraisemblable que tous se trompent ; mais plutôt cela témoigne que la puissance de bien juger et distinguer le vrai d'avec le faux, qui est proprement ce qu'on nomme le bon sens ou la raison, est naturellement égale en tous les hommes. »

Non, il n'est pas vrai que l'aptitude à discerner d'une manière intuitive le vrai d'avec le faux, que le bon sens, ait, en tous les hommes, un égal développement. Ne disons-nous pas à chaque instant : Un tel est homme de bon sens, un tel n'a pas le sens commun ? Et ce défaut de sens commun, de bon sens, ne le constatons-nous pas bien souvent chez des gens fort habiles à dérouler une longue suite de déductions ? Leur esprit est comme la maison de Chrysale ; « le raisonnement en bannit la raison. »

Si la grande aptitude à suivre la méthode déductive a pour contre-partie fréquente la médiocrité de l'intuition, il nous paraîtra naturel que les Allemands, souvent si habiles à enchaîner de longs et rigoureux raisonnements, soient, souvent aussi, mal pourvus de bon sens ; dans nombre de cas, ce défaut-ci, comme cette qualité-là, marqueront les produits de leur esprit.

Lorsque, chez un homme, une faculté physique ou intellectuelle est douée d'une grande puissance, cet homme éprouve une vive jouissance à en user ; il lui est pénible, au contraire, de faire jouer un organe malingre ou une disposition médiocre. L'Allemand, donc, très apte à l'emploi de la méthode déductive, mais faiblement armé pour la connaissance intuitive, multipliera les occasions de suivre la première et restreindra, autant que faire se pourra, les circonstances où la seconde est requise.

Rechercher à l'excès les occasions d'exercer leur aptitude au raisonnement et de montrer leur habileté dans l'art d'enchaîner les syllogismes fut, de tout temps, travers très répandu chez les géomètres. La *Logique de Port-Royal*, s'inspirant de Descartes et de Pascal, leur reprochait déjà ce défaut, de vouloir « prouver des choses qui n'ont pas besoin de preuves (1) ».

« Les Géomètres, disait-elle, avouent qu'il ne faut pas s'arrêter à vouloir prouver ce qui est clair de soi-même. Ils le font néanmoins souvent, parce que s'étant plus attachés à convaincre l'esprit qu'à l'éclairer, comme nous venons de dire, ils croient qu'ils le convaincront mieux en trouvant quelque preuve des choses même les plus évidentes qu'en les proposant simplement, et laissant à l'esprit d'en reconnaître l'évidence.

» C'est ce qui a porté Euclide à prouver que les deux côtés d'un triangle pris ensemble sont plus grands qu'un seul, quoi que cela soit fort évident par la seule notion de la ligne droite, qui est la plus courte longueur qui se puisse donner entre deux points. »

Qu'eussent dit Descartes, Pascal, et les auteurs de la *Logique*, s'il leur eût été donné de connaître les incroyables excès auxquels le désir de tout prouver a conduit certains mathématiciens de l'École allemande contemporaine ? Weierstrass et ses meilleurs disciples se sont

(1) *La Logique ou l'Art de penser* ; IVe partie, ch. IX, second défaut.

attachés à prendre, contre les démonstrations algébriques insuffisantes ou inexactes, des précautions vraiment utiles ; le travail qu'ils ont accompli s'imposait, si l'on ne voulait pas que les Mathématiques devinssent maîtresses d'erreur. Ceux qui sont venus après eux, trouvant qu'il avait été déjà remédié aux défauts véritables des anciens raisonnements, se sont acharnés à corriger des défauts imaginaires, à combler des lacunes où tout esprit bien fait reconnaissait d'inoffensives abréviations, à détailler des minuties, pour tout dire, à couper les cheveux en quatre. Par eux, le discours des Mathématiques est devenu si compliqué, si gêné par des règles pointilleuses, qu'on n'ose plus le parler, de crainte de manquer de rigueur. A raffiner sans cesse sur les raisonnements déjà connus, ces logiciens anéantissent, en eux-mêmes et dans leurs disciples, le désir des découvertes et la puissance d'en faire. Aussi s'est-il trouvé, même en Allemagne, des géomètres, tel M. Félix Klein, pour revendiquer, contre cette critique sans mesure, les droits de l'esprit d'invention.

En même temps qu'il recherche les occasions d'exercer sa faculté raisonneuse, le mathématicien allemand évite, autant qu'il est en lui, les circonstances où il devrait recourir à l'intuition ; pour cela, il restreint dans la mesure du possible le nombre des axiomes qu'il invoque.

De toutes les sciences, celle qui satisfait le mieux cette tendance, c'est l'Algèbre ; l'Algèbre entière, en effet, n'est qu'un immense prolongement de l'Arithmétique, et la méthode déductive suffit, toute seule, à fournir ce prodigieux développement ; les seuls axiomes que requière l'Algèbre sont donc les axiomes qui portent l'Arithmétique, c'est-à-dire un tout petit nombre de propositions, extrêmement simples et d'une évidence à crever les yeux, sur l'addition des nombres entiers. Nous ne nous étonnerons pas que l'intelligence allemande s'adonne à l'Algèbre avec passion et avec succès.

Mais les mathématiciens allemands ne se contentent pas d'être d'habiles algébristes. Cette science, où la part des axiomes est si réduite, où la méthode déductive suffit à tous les progrès, s'adapte si bien à la forme de leur intelligence, qu'ils s'efforcent de fondre en elle toutes les autres sciences mathématiques ; ils souhaiteraient que la Géométrie, la Mécanique, la Physique ne fussent plus que des chapitres de l'Algèbre. Comment ils s'y sont pris pour transformer peu à peu ce souhait en réalité, quels inconvénients en sont résultés pour les sciences ainsi réduites à l'Algèbre, nous l'avons dit ailleurs (1) ; pour ne point donner dans un discours trop technique, nous ne le répéterons pas ici.

L'homme n'a pas seulement plaisir à faire jouer un organe sain et vigoureux, peine à se servir d'un organe débile ; il sait encore qu'il peut compter sur le premier, il a confiance en lui, tandis qu'il se méfie du second.

L'esprit très bien adapté à la déduction, mais médiocrement partagé du côté du bon sens, donnera pleinement foi aux propositions démontrées par la méthode discursive ; il doutera volontiers des propositions que lui révèle l'intuition. De ces deux tendances, quelles seront les conséquences ? Ces conséquences ne se reconnaissent-elles pas, avec une netteté particulière, dans les principaux systèmes de la Philosophie allemande ?

(1) *Quelques réflexions sur la Science allemande* (*Revue des Deux-Mondes*, 1er février 1915). — Cet article est reproduit en supplément à la fin de ces *Leçons*.

C'est ce que nous allons examiner en peu de mots.

Il y a deux sources de certitude; les propositions reçoivent leur certitude de la démonstration et les principes la tirent de la connaissance commune Cette certitude-ci n'est pas d'une valeur, d'une qualité autres que celle-là. Elles sont toutes deux également assurées. Plus justement doit-on dire qu'il existe une seule source d'où découle toute certitude, et c'est celle qui la fournit aux principes ; car la déduction ne crée point de certitude nouvelle ; tout ce qu'elle peut faire, lorsqu'elle est suivie sans aucune faute, c'est de transporter aux conséquences, sans en rien perdre, la certitude que possédaient déjà les prémisses.

« La connaissance des premiers principes, comme il y a *espace, temps, mouvement, nombres*, est aussi ferme qu'aucune de celles que nos raisonnements nous donnent », disait Pascal (1). « Et c'est sur ces connaissances du cœur et de l'instinct qu'il faut que la raison s'appuie et qu'elle y fonde tout son discours... Et il est aussi ridicule que la raison demande au cœur des preuves de ses premiers principes, pour y vouloir consentir, qu'il serait ridicule que le cœur demandât à la raison un sentiment de toutes les propositions qu'elle démontre, pour vouloir les recevoir. »

C'est précisément dans le premier de ces deux ridicules que vont donner ceux chez qui l'aptitude à déduire a pris, aux dépens du sens commun, un développement exagéré. Trop confiants en la méthode discursive, trop méfiants à l'égard de l'intuition, ils finissent par s'imaginer que celle-là seule confère à ses conclusions une certitude dont celle-ci est incapable ; comme si la mai-

(1) Pascal, *Pensées*, art. VIII.

son pouvait être plus solide que les fondations sur lesquelles elle est assise ! Ils en viennent à se bercer d'un rêve pour lequel Pascal lui-même a peut-être montré trop de complaisance ; ils poursuivent la chimère d'une méthode exclusivement déductive. « Cette véritable méthode (1), qui formerait les démonstrations dans la plus haute excellence, s'il était possible d'y arriver, consisterait en deux choses principales : l'une, de n'employer aucun terme dont on n'eût auparavant expliqué nettement le sens ; l'autre de n'avancer aucune proposition qu'on ne démontrât par des vérités déjà connues ; c'est-à-dire, en un mot, à définir tous les termes et à prouver toutes les propositions. »

Sans doute, on ne proclamera pas, on ne s'avouera même pas à soi-même, qu'on poursuit la recherche d'une telle méthode ; il est trop clair qu'une telle recherche est insensée, que les premières définitions seront toujours composées de termes non définis et les premières démonstrations construites à l'aide de propositions non démontrées. Mais on agira, du moins, comme si cette méthode était un idéal dont il est souhaitable de s'approcher toujours davantage, encore qu'on soit assuré de ne l'atteindre jamais ; alors on poussera toujours plus avant, on creusera toujours plus profond, afin de donner une définition des termes qu'on avait jusqu'alors employés sans les définir, afin de démontrer les propositions qu'on avait auparavant reçues comme principes.

Recherche décevante, puisqu'elle ne saurait jamais nous satisfaire et prendre fin. « Quelque terme où nous pensions nous attacher et nous affermir (2), il branle et

(1) Pascal, *De l'esprit géométrique*, section première.
(2) Pascal, *Pensées*, art. I.

nous quitte ; et si nous le suivons, il échappe à nos prises, nous glisse et fuit d'une fuite éternelle. Rien ne s'arrête pour nous... Nous brûlons du désir de trouver une assiette ferme et une dernière base constante, pour y édifier une tour qui s'élève à l'infini ; mais tout notre fondement craque et la terre s'ouvre jusqu'aux abîmes ». Celui, donc, qui a mis le principe de la certitude dans le raisonnement discursif, au lieu de le placer dans la connaissance intuitive issue du sens commun, ne peut manquer de tomber dans le scepticisme absolu qui révoque en doute toutes les propositions.

Ce désespoir de l'intelligence, il n'est qu'un moyen de l'éviter ; c'est de tenir fermement que la démonstration n'est jamais créatrice de certitude, que, d'une manière immédiate ou médiate, toute assurance de la vérité nous vient du bon sens. Aussi Pascal, qu'il faut sans cesse méditer, disait-il (1) : « Nous avons une impuissance de prouver invincible à tout le dogmatisme ; nous avons une idée de la vérité invincible à tout le pyrrhonisme. »

Très apte à déduire, l'esprit allemand est maigrement pourvu de bon sens ; dans la méthode discursive, il a une confiance sans borne, tandis que sa trouble intuition ne lui donne qu'une faible assurance de la vérité ; le voilà donc singulièrement exposé à glisser dans le scepticisme. Il y est fréquemment et lourdement tombé ; Kant l'y a vigoureusement poussé.

Qu'est-ce que la *Critique de la raison pure* ? Le commentaire le plus long, le plus obscur, le plus confus, le plus pédant de ce mot de Pascal : « Nous avons une impuissance de prouver invincible à tout le dogma-

(1) PASCAL, *Pensées*, art. VIII.

tisme. » Des esprits trop exclusivement déductifs, tels Descartes ou Spinoza, ont cru que des syllogismes leur permettraient d'assurer contre le doute les premiers principes de la Métaphysique et de la Morale ; plus étroitement soumis à la rigoureuse discipline de la méthode discursive, Kant s'applique à montrer qu'ils ont péché contre les règles de la Logique, que leurs syllogismes ne sont pas concluants, et donc que le doute est la seule conclusion légitime de la « raison pure ».

Assurément, le scepticisme absolu n'est pas le dernier mot du philosophe de Kœnigsberg ; de la formule de Pascal, il veut également justifier le second membre et montrer que « nous avons une idée de la vérité invincible à tout le pyrrhonisme ». C'est l'objet de la *Critique de la raison pratique*. Mais à cette idée de la vérité, contre laquelle se doivent briser les assauts du scepticisme, va-t-il donner assez de largeur, assez de fermeté pour qu'elle puisse porter tout l'ensemble de nos connaissances ? Non pas. Il en rétrécit la plate-forme ; il la rend tout juste assez ample pour qu'elle puisse servir de fondement à la morale ; il la réduit à nous affirmer le caractère impératif du devoir. Même dans ces étroites limites, il ne lui reconnaît pas la possession de cette certitude parfaite qu'on a vainement demandée à la raison pure ; la certitude dont elle jouit est d'un autre ordre et, pour ainsi dire, de qualité inférieure ; elle est capable de commander nos actes, mais non de satisfaire notre raison ; elle n'est qu'une certitude pratique. Écoutons, par exemple, en quels termes notre philosophe parle de l'existence de Dieu (1) : « Puisqu'il y a des

(1) Kant's *Werke*, Bd. III, pp. 429-430. Traduction de : Victor Delbos, *La philosophie pratique de Kant*, Paris, 1905, p. 232.

lois pratiques (les lois morales) qui sont absolument nécessaires, si ces lois supposent nécessairement quelque existence comme condition de la possibilité de leur force *obligatoire*, il faut que cette existence soit *postulée*, parce qu'en effet le conditionné dont part le raisonnement pour aboutir à cette condition déterminée est lui-même connu *a priori* comme absolument nécessaire. Nous montrerons plus tard, au sujet des lois morales, qu'elles ne supposent pas seulement l'existence d'un Être suprême, mais encore, comme elles sont absolument nécessaires à un autre point de vue, qu'elles la postulent à juste titre ; postulat, à vrai dire, seulement pratique. »

Cette certitude rétrécie et de qualité inférieure, cette certitude purement pratique qui sauvera seulement les principes essentiels de la Morale, Kant va-t-il, du moins, l'attribuer d'emblée aux intuitions du sens commun ? Il est, pour procéder de la sorte, bien trop féru de la méthode déductive, bien trop imbu des procédés de raisonnement coutumiers aux géomètres. Cette possibilité de principes pratiques *a priori*, il n'ose la proposer, au début de sa *Critique de la raison pratique*, qu'à la suite d'une longue démonstration où définitions, théorèmes, corollaires, scolies, problèmes s'enchaînent comme dans un traité d'Algèbre.

Les disciples de Kant ont été plus loin que le maître ; cette certitude pratique, dernier souvenir de l'évidence que confère le sens commun, ils l'ont délaissée ; ils ont admis qu'aucune assurance de vérité ne pourrait venir d'ailleurs que de la raison pure, c'est-à-dire de la connaissance discursive ; et comme celle-ci ne saurait, à elle seule, donner ce qu'on en attend, ils ont abouti à l'idéalisme complet, au scepticisme absolu.

Confiance excessive dans le raisonnement déductif; méfiance et dédain à l'égard des intuitions que fournit le sens commun, voilà donc des causes qui produisent forcément l'idéalisme, le scepticisme. Elles engendrent aussi la sophistique.

Si le sens commun n'est pas source assurée de vérité, à quoi bon lui emprunter nos axiomes ? Ne pouvons-nous pas, tout aussi bien, les forger selon notre bon plaisir ? Pourvu qu'à partir de postulats librement posés, nous déroulions une longue chaîne de syllogismes concluants, notre raison, qui n'a de goût que pour la seule déduction, se trouvera pleinement satisfaite. Son contentement même sera d'autant plus grand qu'elle aura mieux prouvé son habileté à déduire avec rigueur sans aucun recours au bon sens.

Qui de nous n'a connu des hommes rompus à toutes les finesses du raisonnement, des mathématiciens par exemple, pour qui c'était vive jouissance de suivre très logiquement et très loin les conséquences d'un paradoxe très déconcertant ?

Dans cet étrange et dangereux travers, qui est la sophistique, la pensée allemande a donné de bonne heure ; de bonne heure, elle s'est complue à échafauder de vastes systèmes sur des postulats qui n'avaient pas le sens commun.

Nicolas Crypfs naquit en 1401, à Cues sur la Moselle ; il était fils d'un simple pêcheur ; après avoir étudié à Heidelberg, après avoir pris en 1424, à Padoue, le doctorat en droit, il revint en Allemagne ; en 1431, il assistait, à titre d'archidiacre de Liège, au concile de Bâle ; il fut parmi les membres de ce concile qui demeurèrent fidèles au pape. Eugène IV, Nicolas V, Pie II lui confièrent d'importantes missions ; en 1448, Nicolas V le nomma cardinal prêtre du titre de Saint-Pierre-ès-liens; un cardinal allemand était à cette époque, au dire d'un historien, aussi rare qu'un corbeau blanc ; aussi Nicolas de Cues était-il souvent appelé *Cardinalis teutonicus* ; en 1450, il fut promu par Nicolas V à l'évêché de Brixen en Tyrol ; il mourut à Todi, en Ombrie, le 11 août 1464.

Personnage considérable dans l'Église, Nicolas de Cues était homme de science ; il présenta au concile de Bâle un projet de réforme du calendrier ; il était géomètre ; on lui doit un essai de quadrature du cercle qui ne manque pas d'ingéniosité.

Les Allemands saluent volontiers en Nicolas de Cues, et avec raison, le premier penseur vraiment original qu'ait produit la Germanie. Le Cardinal allemand, en effet, dans son ouvrage fondamental *Sur l'ignorance savante*, *De docta ignorantia*, a construit toute une métaphysique, très fortement imprégnée de Néo-platonisme, à laquelle ses écrits ultérieurs ont ajouté de nombreux compléments. Or, cette métaphysique, développée avec une véritable virtuosité de dialecticien, repose toute entière sur cet axiome où le sens commun dénoncerait une contradiction formelle : En tout ordre de choses, le maximum est identique au minimum.

Avant le milieu du xve siècle, donc, la tendance à la sophistique que recèle l'esprit allemand, avait donné sa mesure. Maintes fois, depuis ce temps, cette tendance a dirigé la construction des systèmes métaphysiques qui ont foisonné au sein de la philosophie germanique. De ces tentatives déconcertantes, contentons-nous de mentionner la plus étrange, peut-être, en même temps que la plus célèbre ; jusqu'à nos jours, elle a, sur la pensée d'outre-Rhin, exercé autant d'influence, sinon plus, que la critique de Kant ; j'ai nommé la doctrine de Hegel. Peut-on, plus durement et plus insolemment que la métaphysique hégélienne, fouler aux pieds les premières évidences du sens commun ? De cette métaphysique, en effet, l'axiome essentiel, fort semblable à celui de Nicolas de Cucs, est le suivant : En tout ordre de choses, les contradictoires sont identiques, car la *thèse* et l'*antithèse* ne font qu'un dans la *synthèse*, qui est la vérité.

Et ce qui mérite ici d'être noté, ce n'est pas qu'un Hegel se soit trouvé parmi les Allemands ; dans tous les temps et chez tous les peuples se rencontrent de malheureux maniaques qui raisonnent à perte de vue sur des principes absurdes. Ce qui est grave, c'est que les Universités allemandes, au lieu de tenir l'Hégélianisme pour le rêve d'un dément, y aient salué avec enthousiasme une doctrine dont la splendeur éclipsait toutes les philosophies de Platon ou d'Aristote, de Descartes ou de Leibniz.

Le goût excessif pour la méthode déductive, le dédain du sens commun, ont vraiment rendu l'Allemagne pensante toute semblable à la maison de Chrysale ; le raisonnement en a banni la raison.

SECONDE LEÇON

Les Sciences expérimentales.

Mesdames, Messieurs,

En Algèbre, en Géométrie, et aussi dans la Métaphysique quand elle est sainement construite, les axiomes sont d'une extrême simplicité ; que notre attention se fixe un moment sur quelqu'un d'entre eux ; tout aussitôt, le sens nous en est parfaitement évident et la certitude pleinement assurée. Dans ces sciences, donc, « les principes sont palpables (1), mais éloignés de l'usage commun ; de sorte qu'on a peine à tourner la tête de ce côté, manque d'habitude ; mais pour peu qu'on s'y tourne, on voit les principes à plein ; et il faudrait avoir tout à fait l'esprit faux pour mal raisonner sur des principes si gros qu'il est presque impossible qu'ils échappent ».

Il en va tout autrement des sciences expérimentales. Dans ces sciences, les principes ne sont plus nommés axiomes ; on les appelle hypothèses ou suppositions, mots qu'il faut entendre dans leur sens étymologique qui est : fondements ; on les nomme encore lois expérimentales, vérités d'observation. La simple attention portée sur l'énoncé d'une hypothèse ou d'une loi ne

(1) Pascal, *Pensées*, art. VII : Différence entre l'esprit géométrique et l'esprit de finesse.

nous permet aucunement de la tenir pour vraie; nous n'y saurions acquiescer qu'à la suite du labeur complexe et prolongé de l'expérience qui l'éprouve.

Comment tire-t-on de l'expérience une hypothèse propre à jouer le rôle de principe dans une science d'observation ?

Au temps où j'étais préparateur dans un laboratoire de Physique, je causais journellement avec quelques amis, préparateurs du laboratoire voisin; ce laboratoire voisin, c'était celui de Louis Pasteur, et l'on y pratiquait, à ce moment, les premières vaccinations antirabiques. Ces amis me racontaient quelle était la façon de travailler du « patron », et de ces récits, j'ai gardé le plus vif souvenir.

Pasteur arrivait au laboratoire, ayant en tête une proposition qu'il s'agissait de soumettre au contrôle des faits, ce que Claude Bernard nommait une idée préconçue ; ses auxiliaires préparaient, sous sa direction, des expériences qui devaient, en vertu de cette idée préconçue, produire certains résultats ; la plupart du temps, les résultats attendus n'étaient pas ceux qu'on observait ; on reprenait l'épreuve sur nouveaux frais, et avec plus de soin ; autre démenti ; on recommençait une troisième fois pour aboutir à un nouvel échec. Souvent, mes amis les préparateurs s'étonnaient de l'obstination du « patron », entêté à poursuivre les conséquences d'une pensée visiblement erronée. Un jour venait enfin où Pasteur énonçait une idée différente de celle que l'expérience avait condamnée ; on s'apercevait alors avec admiration qu'aucune des contradictions auxquelles celle-ci s'était heurtée n'avait été vaine ; de chacune d'elles, il avait été tenu compte dans la formation de la nouvelle hypothèse. Celle-ci, à son tour, soumettait ses corollaires au jugement des faits, et, bien souvent, elle en recevait de nouveaux démentis : mais, en la condamnant, ces démentis préparaient la conception d'une nouvelle idée. Ainsi, peu à peu, par cette sorte de lutte entre les idées préconçues qui suggéraient des expériences et les expériences qui contraignaient les idées préconçues à se transformer, une hypothèse se modelait, qui fût parfaitement conforme aux faits et capable d'être reçue, en Physiologie, comme loi nouvelle. . . . .

Dans ce travail de retouches successives qui, d'une idée première, nécessairement aventureuse et souvent fausse, finit par faire une hypothèse féconde, la méthode déductive et l'intuition jouent l'une et l'autre leur rôle ; mais combien ce rôle est plus complexe et plus difficile à définir qu'en une science de raisonnement !

Pour tirer de l'idée préconçue les conséquences qui pourront être comparées aux faits, que l'épreuve expérimentale confirmera ou condamnera, il faut déduire ; cette déduction est souvent assez longue et délicate ; il importe qu'elle soit rigoureuse, sous peine de faire porter le contrôle de l'observation sur des propositions qui ne découleraient pas de l'hypothèse, et donc de rendre ce contrôle illusoire. Ce raisonnement, cependant, on ne pourra pas, en général, le conduire *more geometrico*, sous forme d'une suite de théorèmes ; la proposition dont il doit dérouler les conséquences ne s'y prêterait pas ; les idées sur lesquelles elle porte ne sont plus des concepts très abstraits mais très simples, comme les premiers objets des sciences mathématiques, ou des notions qu'une définition, d'une manière bien connue, a fabriquée avec ces concepts-là ; ce sont de ces idées plus riches de contenu, mais moins précises, moins analysées, qui jaillissent plus immédiatement de nos observations. Pour raisonner exactement sur de telles notions, les règles du syllogisme ne seront pas d'une suffisante efficacité ; elles devront être secondées par un certain sens de la justesse qui est une des formes du bon sens.

D'une autre manière encore le bon sens interviendra au moment d'apprécier si les conséquences de l'idée préconçue sont contredites ou confirmées par l'expérience. Il s'en faut bien, en effet, que cette appréciation soit toute simple, que cette confirmation ou cette contradiction soit toujours formelle et brutale comme un simple oui ou un simple non. Insistons un peu sur ce point ; il est d'importance.

De son idée préconçue, un expérimentateur tel que Louis Pasteur déduit cette conséquence : Si l'on injecte telle substance à des lapins, ils mourront ; des animaux témoins, auxquels on n'aura point fait d'injection, demeureront en bonne santé. Mais cet observateur sait qu'un lapin peut, parfois, mourir pour d'autres causes que l'injection dont il étudie les effets ; il sait également que certains animaux, particulièrement résistants, peuvent supporter ce qui tuerait la plupart de leurs semblables ; ou bien encore qu'une manipulation maladroite a pu altérer l'injection et la rendre inoffensive. Si donc il voit survivre quelque lapin inoculé ou succomber quelque animal témoin, il n'en saurait conclure, d'emblée et d'une façon manifeste, à la fausseté de son idée préconçue ; il peut avoir affaire à quelque accident d'expérience qui ne réclame point l'abandon de cette idée. Qui décidera si les échecs sont, ou non, de telle nature qu'il faille renoncer à la supposition faite ? Le bon sens. Mais cette décision sera toute semblable au jugement d'un procès où chacune des deux parties a des charges qui l'accusent et des motifs qui l'excusent ; le bon sens ne pourra porter son arrêt qu'après avoir mûrement pesé le pour et le contre.

Garantir la justesse des raisonnements encore imprécis par lesquels, d'une idée préconçue, se tirent des conséquences susceptibles d'être éprouvées par l'expérience ; apprécier si cette épreuve doit être tenue pour favorable ou regardée comme défavorable, ce n'est pas encore toute la tâche qui incombe au bon sens.

Lorsque l'épreuve des faits a tourné contre l'idée préconçue, il ne suffit pas de rejeter celle-ci ; il lui faut substituer une nouvelle supposition qui ait chance de mieux satisfaire au contrôle de l'expérience ; pour cela, il faut, comme Pasteur excellait à le faire, écouter ce que suggère chacune des observations qui ont condamné la première idée, interpréter chacun des échecs qui l'ont ruinée, faire concourir tous ces enseignements à la fabrication de la pensée nouvelle qui passera derechef sous la toise de la réalité. Que voilà tâche délicate, où nulle règle précise ne guide l'esprit, qui est essentiellement affaire de pénétration et d'ingéniosité ! Vraiment, pour la bien accomplir, il faut que le bon sens se surpasse lui-même, qu'il pousse sa force et sa souplesse jusqu'à leurs extrêmes limites, qu'il devienne ce que Pascal nommait esprit de finesse.

Qui n'a souvenir de l'admirable page où Pascal opposait cet esprit de finesse à l'esprit de géométrie, habile à manier avec rigueur la méthode déductive ?

Dans l'esprit de géométrie, disait-il (1), « on voit les principes à plein ; et il faudrait avoir tout à fait l'esprit faux pour mal raisonner sur des principes si

(1) Pascal, *loc. cit.*

gros qu'il est presque impossible qu'ils échappent.

» Mais dans l'esprit de finesse, les principes sont dans l'usage commun et devant les yeux de tout le monde. On n'a que faire de tourner la tête ni de se faire violence. Il n'est question que d'avoir bonne vue, mais il faut l'avoir bonne ; car les principes sont si déliés et en si grand nombre, qu'il est presque impossible qu'il n'en échappe. Or l'omission d'un principe mène à l'erreur ; ainsi, il faut avoir la vue bien nette pour voir tous les principes, et ensuite l'esprit juste pour ne pas raisonner faussement sur des principes connus.

» Tous les géomètres seraient donc fins s'ils avaient la vue bonne, car ils ne raisonnent pas faux sur les principes qu'ils connaissent... Mais ce qui fait que des géomètres ne sont pas fins, c'est qu'ils ne voient pas ce qui est devant eux ; et qu'étant accoutumés aux principes nets et grossiers de la géométrie, et à ne raisonner qu'après avoir bien vu et manié leurs principes, ils se perdent dans les choses de finesse, où les principes ne se laissent pas ainsi manier. On les voit à peine, on les sent plutôt qu'on ne les voit ; on a des peines infinies à les faire sentir à ceux qui ne les sentent pas d'eux-mêmes ; ce sont choses tellement délicates et nombreuses, qu'il faut un sens bien délicat et bien net pour les sentir, et juger droit et juste selon ce sentiment, sans pouvoir le plus souvent les démontrer par ordre comme en géométrie, parce qu'on n'en possède pas ainsi les principes, et que ce serait une chose infinie que de l'entreprendre. Il faut tout d'un coup voir la chose d'un seul regard, et non pas par progrès de raisonnement, au moins jusqu'à un certain degré. Et ainsi il est rare que les géomètres soient fins et que les fins soient géomètres, à cause que les géomètres veulent traiter géométriquement les choses fines et se rendent ridicules, voulant commencer par les définitions et ensuite par les principes, ce qui n'est pas la manière d'agir en cette sorte de raisonnement. Ce n'est pas que l'esprit ne le fasse ; mais il le fait tacitement, naturellement et sans art ; car l'expression en passe tous les hommes, et le sentiment n'en appartient qu'à peu d'hommes. »

Partir de principes bien nets, dont l'analyse a été poussée jusqu'au bout, dont le contenu peut être exactement décrit jusqu'au moindre détail ; puis progresser pas à pas, patiemment, minutieusement, d'une allure que les règles de la logique déductive disciplinent avec une extrême sévérité, c'est à quoi excelle le génie allemand ; l'esprit allemand est essentiellement esprit de géométrie. Par contre, nous l'avons vu, il est pauvre de sens commun. Comment donc posséderait-il cette perfection du bon sens qu'est l'esprit de finesse ? Non, ne lui demandrez pas cette souplesse, cette acuité, cette délicatesse qui pénètrent et s'insinuent dans les replis obscurs et complexes de la réalité. N'attendez pas qu'il raisonne juste et loin sans définitions, puisqu'on ne saurait définir les idées que fournit immédiatement la vue de la réalité ; sans syllogismes, puisqu'on ne saurait partir de principes déjà formulés au moment même qu'on veut découvrir des principes nouveaux ; sans autre guide ni garantie qu'un sentiment naturel du vrai. L'Allemand est géomètre ; il n'est pas fin.

L'Allemand n'est pas fin. En douteriez-vous ? Alors, écoutez-en l'aveu ; celui qui le formule est, parmi les Allemands, justement réputé pour sa finesse exceptionnelle ; il n'en est que plus apte à reconnaître ce qui manque à ses compatriotes. « Le grand art de passer directement de la compréhension à l'application, écrit le prince de Bülow (1), ou même le talent plus grand de faire ce qu'il faut, en obéissant à un sûr instinct créateur, et sans réfléchir longtemps ni se creuser la tête, voilà ce qui nous a fait défaut et ce qui nous fait encore défaut maintes fois. »

L'Allemand est dépourvu d'esprit de finesse.

Aussi, parmi tous ces grands hommes qui, du XVIIe siècle jusqu'à nos jours, ont posé les fondements de la science expérimentale, parmi les créateurs de la Physique, de la Chimie, de la Biologie, ne rencontre-t-on que bien peu d'Allemands.

Cependant, depuis le milieu du XIXe siècle, la Physique, la Chimie, la Biologie ont sollicité les efforts d'une multitude d'Allemands qui ont fait faire, à chacune de ces sciences, de très grands progrès. Comment ce développement de la science expérimentale allemande, dont l'ampleur et la puissance ne sauraient être contestées, se peut-il concilier avec ce que nous venons de dire ? Nous l'allons montrer.

Au fur et à mesure qu'une science expérimentale se perfectionne, les hypothèses sur lesquelles elle repose, d'abord hésitantes et confuses, se précisent et s'affermissent; les épreuves nombreuses et variées auxquelles elles ont été soumises marquent les circonstances dans lesquelles les faits ont grand chance de s'accorder aux conséquences qu'on en tire ; à partir de ce moment, ces suppositions servent de principes à des raisonnements au bout desquels se trouve l'éclaircissement de certaines observations ou la prévision de certains événements ; la

(1) Prince DE BÜLOW, *La Politique Allemande*, trad. Maurice Herbette, Paris, 1914. Introduction.

science demeure expérimentale dans son essence ; elle part toujours de propositions que l'expérience a suggérées pour aboutir à des propositions dont l'expérience pourra seule assurer la vérité ; mais elle fait, à la méthode déductive, une part de plus en plus large.

Il advient même qu'elle accomplit, dans cette voie, un nouveau progrès. Les hypothèses premières ne portent plus seulement sur des idées clairement conçues, mais sur des notions qui se comptent et se mesurent, sur des grandeurs ; de telles suppositions revêtent alors la forme de propositions d'Algèbre ou de Géométrie ; ce n'est plus simplement à la déduction prise d'une manière générale, c'est au raisonnement mathématique que la science expérimentale a recours pour tirer, des principes fournis par l'observation, les conséquences que l'observation devra contrôler.

Successivement, au cours des âges, on a vu les divers chapitres de la Science physique prendre cette figure mathématique. Dès le temps de Platon et d'Aristote, Eudoxe et Calippe se sont efforcés de construire une théorie géométrique par laquelle fût sauvé tout ce que les sens constatent au sujet des mouvements célestes. Euclide exposait déjà sous forme mathématique les lois de la propagation rectiligne et de la réflexion de la lumière. Avec Archimède, la Statique des solides pesants et l'Hydrostatique, à leur tour, revêtirent cette forme. Le Moyen Age fut trop peu géomètre pour faire, dans cette voie, quelque pas nouveau ; il se contenta de préparer, par une analyse qualitative du mouvement des projectiles et de la chute des corps, menée avec un grand bon sens, la Dynamique mathématique que devaient inaugurer Galilée, Descartes, Pierre Gassend (Gassendi) et Torricelli. Il n'est plus aujourd'hui, dans la Science physique, aucun chapitre où l'on puisse raisonner sans le perpétuel secours de l'Algèbre et de la Géométrie.

Sans doute, l'incessant usage du raisonnement mathématique n'a pas changé le caractère expérimental de ces sciences ; leurs hypothèses ne sont pas des principes dont le simple bon sens nous rende pleinement certains ; l'objet unique de ces suppositions, c'est toujours de produire des conséquences conformes à la réalité ; et quand, entre les corollaires qu'on en tire et les résultats de l'observation, éclate quelque désaccord, quand, au jugement du bon sens, ce désaccord est intolérable, ces hypothèses doivent disparaître pour faire place à des fondements nouveaux. Parce qu'elle a pris le caractère mathématique, une science physique n'a pas reçu l'investiture définitive. La première qui se soit développée suivant les lois de la Géométrie n'a-t-elle pas été maintes fois bouleversée de fond en comble ? L'Astronomie d'Eudoxe, qui combinait exclusivement des rotations concentriques à la terre, n'a-t-elle pas cédé devant l'Astronomie de Ptolémée, qui considérait des circulations sur des excentriques et des épicycles ? Au sentiment de l'Astronome de Péluse, tous ces mouvements étaient décrits autour d'une terre immobile ; Copernic n'a-t-il pas remplacé la fixité de la terre par la fixité du Soleil ? A ces combinaisons de mouvements circulaires, l'Astronomie de Kepler n'a-t-elle pas substitué le seul mouvement elliptique ? Enfin l'Astronomie de Newton n'a-t-elle pas renoncé à toutes ces hypothèses cinématiques pour admettre l'hypothèse dynamique de la gravité universelle ?

Par là donc qu'elle use largement de la méthode déductive, voire du raisonnement mathématique, une science expérimentale n'acquiert pas la certitude immuable de l'Algèbre ou de la Géométrie, dont les axiomes sont, par le sens commun, déclarés absolument vrais. Du moins est-il que les hypothèses qui la portent sont, pour un temps, regardées comme hors conteste, et qu'on s'attend, avec une extrême probabilité, à l'accord des corollaires qu'on en déduira avec les faits qu'on observera.

Alors l'esprit de finesse, si nécessaire aux débuts de la science, ne prend plus qu'une faible part à son développement; pour tirer toutes les conséquences, même les plus éloignées, des hypothèses qui ont été précisées et affermies par cet esprit, c'est à l'esprit de géométrie qu'il faut recourir. Alors aussi, le génie allemand, qui eût été mal propre à découvrir les principes de la science, se trouve merveilleusement apte à leur faire produire tous les corollaires dont ils sont gros.

Pour l'Allemand, donc, une science expérimentale naît le jour où elle prend la forme déductive, mieux encore le jour où elle revêt l'appareil mathématique ; tant que l'esprit de finesse la fait seule progresser, elle ne mérite vraiment pas le nom de science. Écoutons Kant (1) :

« J'avance que, dans toute théorie particulière de la nature, il n'y a de scientifique, au sens *propre* de ce mot, que la quantité de *Mathématiques* qu'elle contient. D'après ce qui précède, en effet, toute science proprement dite, et surtout la science de la nature, exige une partie pure qui serve de fondement à la partie empirique et qui repose sur la connaissance *a priori* des choses naturelles. Or connaître *une chose a priori*, c'est

(1) Emmanuel Kant, *Premiers principes métaphysiques de la Science de la Nature*, traduits par Ch. Andler et Éd. Chavannes; Paris, 1891 ; pp. 6-7.

la connaître d'après sa simple possibilité... Pour connaître la possibilité de choses naturelles déterminées, ce qui est les connaître *a priori*, il sera encore nécessaire que l'*intuition a priori* correspondante au concept soit donnée, c'est-à-dire que le concept soit construit. Or la connaissance rationnelle par construction de concepts est la connaissance mathématique. Ainsi une philosophie pure de la nature absolument parlant, c'est-à-dire celle qui recherche seulement ce qui constitue le concept d'une nature en général, serait à la vérité possible sans Mathématiques ; mais une théorie pure de la nature, portant sur des objets naturels *déterminés* (théorie des corps et théorie de l'âme), n'est possible qu'au moyen des Mathématiques ; et comme, dans toute théorie de la nature, il n'y a de science véritable qu'autant qu'il s'y trouve de connaissance *a priori*, la théorie de la nature ne contiendra donc de science proprement dite que dans la mesure où les Mathématiques pourront y être appliquées.

» Tant qu'on n'aura pas trouvé pour les actions chimiques des matières un concept susceptible d'être construit... (desideratum auquel il est difficile qu'on satisfasse jamais), la Chimie ne saurait être autre chose qu'un art systématique ou une doctrine expérimentale, mais en aucun cas une science proprement dite, car les principes de la Chimie sont purement empiriques et ne souffrent point d'être représentés *a priori* dans l'intuition ; ils ne rendent pas le moins du monde concevable la possibilité des lois fondamentales des phénomènes chimiques, car ils ne sont pas susceptibles d'être soumis aux Mathématiques...

» La théorie des corps ne peut devenir une science de la nature que lorsque les Mathématiques s'y appliquent. »

Pour que l'esprit allemand, donc, se sente apte à traiter scientifiquement un chapitre de nos connaissances expérimentales, il faut que la déduction et, si possible, que le raisonnement mathématique y soient de mise. On comprend, dès lors, pourquoi l'Allemagne est entrée la dernière dans le vaste concours des nations civilisées vers l'établissement d'une Physique toujours plus parfaite ; on comprend aussi comment, à ce concours, cette tard-venue a pris bien vite une si grande place ; ce n'était pas là cas fortuit, mais suite nécessaire des caractères du génie allemand, dépourvu de finesse et puissamment géométrique.

Prenons, par exemple, une science dont, depuis cinquante ans, l'essor, en Allemagne, fut prodigieux ; nous avons nommé la Chimie.

« La Chimie est une science française. Elle fut constituée par Lavoisier, d'immortelle mémoire. » Ainsi s'exprimait Adolphe Wurtz (1) aux premières lignes d'un des plus beaux discours qu'on ait composés sur le progrès de la Science. Les études par lesquelles Lavoisier a posé les premières assises de la Chimie sont de celles où l'esprit de finesse a donné la pleine mesure de sa puissance et de son habileté.

Longtemps la Chimie se développe sans que les laboratoires allemands fournissent à ce progrès des découvertes capitales. Leur part est mince encore dans ces recherches qui, par l'intermédiaire de la théorie des types, vont constituer notre moderne Chimie organique. De ces recherches, l'initiateur génial est notre J.-B. Dumas. Aussitôt à sa suite, voici venir Laurent, qui

(1) Ad. Wurtz, *Dictionnaire de Chimie*, t. I, 1874. Discours préliminaire.

devait être, un jour, le premier doyen de la Faculté des Sciences de Bordeaux, le strasbourgeois Gerhardt, l'anglais Williamson, enfin Adolphe Wurtz, cet autre strasbourgeois, en qui la finesse, la vivacité, la fougue du génie français atteignaient à leur comble. Parmi ces créateurs, un seul allemand, Hoffmann, l'émule de Wurtz dans la découvertes des amines, peut réclamer une place de quelque ampleur.

Mais il advient que ces admirables recherches introduisent, en Chimie, le langage et les procédés de la Géométrie. Pour représenter la constitution des corps organiques, où le carbone joue un rôle essentiel, les synthèses par lesquelles on les peut produire, les substitutions qui les transforment les uns dans les autres, les isoméries et les polyméries qui les diversifient sans en changer la composition, la nouvelle théorie relie les uns aux autres, suivant des règles fixes, des assemblages de points. Ces règles, c'est un allemand, Kékulé, qui les formule d'une manière précise et systématique. Les raisonnements par lesquels la Chimie nouvelle explique ou prévoit les réactions ressortissent à une branche particulière de la Géométrie, à l'*Analysis situs*. Pour accroître la Chimie organique, l'esprit de finesse a, désormais, beaucoup moins à faire ; le secours de l'esprit de géométrie, au contraire, est, chaque jour, plus indispensable. Ce que Kant regardait comme un « desideratum auquel il est difficile qu'on satisfasse jamais » s'est accompli ; « les principes de la Chimie... sont devenus susceptibles d'être soumis aux Mathématiques. » Tout aussitôt, voici que l'Allemagne s'empare de cette partie de la Chimie, qu'elle s'y adonne avec une sorte de passion, que des milliers et des milliers de composés organiques nouveaux sortent de ses immenses et multiples laboratoires, que, pour les classer et les décrire, elle formule des principes tirés de l'***Analysis situs***, qu'elle rédige des traités de Chimie tout pareils à des livres de Géométrie.

L'histoire de la Mécanique chimique prête à des remarques semblables.

L'objet de cette science est de déterminer l'influence que les circonstances physiques, telles la pression, la température, la concentration plus ou moins grande des solutions, exercent sur la marche plus ou moins rapide, sur l'arrêt, sur le changement de sens des réactions chimiques. La pensée maîtresse autour de laquelle se groupent les hypothèses fondamentales de cette doctrine, c'est celle-ci : Les circonstances physiques que nous venons d'énumérer se comportent, à l'égard des réactions chimiques, comme elles se comportent à l'égard des changements d'état physique, tels que la vaporisation des liquides, la fusion des solides, la dissolution des sels et des gaz. Pour percevoir cette analogie, cachée sous les multiples et palpables différences qui séparent les transformations chimiques des transformations physiques, pour la mettre en évidence par des expériences ingénieuses et convaincantes, pour la garantir contre les objections que soulevait son extrême nouveauté, enfin, pour en montrer la fécondité, il fallait autant de force que de finesse d'esprit. Après avoir suscité les divinations de Georges Aimé, cette force et cette finesse d'esprit dirigèrent l'œuvre grandiose d'Henri Sainte-Claire Deville et de ses disciples, d'Henri Debray, de Troost, de Hautefeuille, de Gernez, de tous ces maîtres en l'art d'imaginer et d'interpréter une expérience, dont, ici, je salue les noms avec la vénération émue du disciple reconnaissant.

Après que l'École d'Henri Sainte-Claire Deville eût posé les fondements expérimentaux de la Mécanique chimique, d'autres vinrent, qui pressèrent cette science de revêtir la forme mathématique ; il lui suffisait, pour cela, de recourir aux principes de la Thermodynamique, car, déjà, ceux-ci soumettaient à leurs lois les changements d'état physique, la vaporisation, la fusion, la dissolution. Le premier qui eut l'idée d'appliquer les théorèmes de la Thermodynamique à la dissociation chimique, ce fut mon maître, J. Moutier, bientôt suivi par un autre français, Peslin. Peu après, deux hommes entraient dans la voie que Moutier avait ouverte ; c'était l'allemand Horstmann et l'américain J. Willard Gibbs ; mais celui-ci poussa beaucoup plus loin que celui-là, et la théorie mathématique des équilibres chimiques sortit presque achevée de ses mains.

Cette théorie mathématique, il s'agissait d'en soumettre les corollaires au contrôle de l'expérience, afin d'en montrer l'exactitude et la fécondité. Ce fut, en France, la tâche de M. H. Le Chatelier. Ce fut, surtout, la tâche de l'École hollandaise, de M. Van der Waals, de Bakhuis Roozboom, de Van't Hoff — de Van't Hoff, qui avait été élève de Wurtz ; de Van't Hoff, dont un de ses disciples hollandais, M. Ch. Van Deventer, écrivait (1) : « Sous maint rapport, on doit tenir l'œuvre de Van't Hoff pour une œuvre française plutôt que pour une œuvre allemande. Assurément, il éprouvait, pour ce qui est solide, une profonde vénération ; mais ce qu'il aimait à la passion, c'est l'idée, l'idée

(1) Cité par W. P. Jorissen et L. Th. Reicher, *J. H. Van't Hoff's Amsterdamer Periode* (*1877-1895*) ; Helder, 1912, pp. 28-29.

esquissée à grands traits, et ses recherches tendaient à lancer l'idée dans le monde, bien plutôt qu'à prendre un bloc énorme et massif, un bloc que personne ne pût remuer, pour l'arrondir et le polir en tous sens ; ce travail-là, il l'abandonnait volontiers à d'autres. »

Ces autres allaient se mettre à la besogne, et ce seraient les Allemands.

Maintenant, en effet, la Mécanique chimique était parvenue au point où l'esprit de géométrie en pouvait presser les principes afin qu'ils donnassent, d'une manière régulière, toutes leurs conséquences, afin que ces conséquences fussent, chacune à son tour, suivant des procédés désormais fixés, soumises au contrôle de l'expérience. Cette œuvre systématique, où il n'était plus question d'inventer, mais de développer avec ordre une doctrine prévue, les laboratoires allemands se chargèrent de l'accomplir.

L'histoire de la Stéréo-chimie nous fournirait un troisième exemple de la vérité que nous nous efforçons d'établir.

Au début de cette histoire, nous trouverions les mémorables recherches de Pasteur sur l'acide tartrique et les tartrates ; nous verrions ces recherches établir une corrélation fixe entre la forme cristalline d'une substance et la rotation qu'elle impose à la lumière polarisée. Nous verrions ensuite le français Le Bel et le hollandais Van't Hoff concevoir, en même temps, cette audacieuse pensée qu'on peut, à la formule chimique, transporter de toutes pièces ce que Pasteur a démontré de la forme cristalline; les observations de ces deux chimistes apporteraient, à leur hypothèse, les premières confirmations. Dès lors, la Chimie des substances douées de pouvoir rotatoire se trouverait gouvernée par des règles géométriques d'une extrême précision ; c'est à ce moment que les laboratoires allemands s'empareraient de l'étude de ces substances ; c'est à ce moment qu'à l'aide des lois géométriques formulées par la Stéréo-chimie, Emil Fischer et ses élèves établiraient la constitution des matières sucrées et en effectueraient la synthèse.

Quand une science expérimentale en est venue à ce point de perfection où le raisonnement déductif déroule longuement les conséquences des hypothèses, mieux encore lorsqu'elle se prête à l'emploi du raisonnement mathématique, elle permet à l'homme de prévoir très exactement ce qui se produira dans des circonstances données, et ses prévisions sont presque assurées contre la déception. Or prévoir, c'est pouvoir. Aussi la science expérimentale, lorsqu'elle est devenue déductive, surtout lorsqu'elle est devenue mathématique, est-elle le guide de l'industrie.

Dès ce moment, pour promouvoir l'industrie, l'esprit de géométrie devra, des principes de la science, faire sortir tous les corollaires qu'ils impliquent, afin que, parmi ces corollaires, l'ingénieur trouve en foule des vérités utiles, des recettes pratiques, des procédés à faire breveter. N'est-il pas clair, dès lors, que l'esprit géométrique des Allemands, si propre à déduire toutes les conséquences d'un principe donné, était merveilleusement adapté à tirer, de notre Mécanique, de notre Physique, de notre Chimie, devenues déductives et mathématiques, une industrie d'une extraordinaire puissance? On a souvent remarqué que l'Allemand, peu capable d'idées nouvelles, était des plus habiles à recueillir et à mettre en valeur les résultats d'inventions venues d'ailleurs. Ce sont bien, en effet, les caractères d'une raison où l'esprit de géométrie, par son développement excessif, a comprimé le bon sens et ne lui a jamais permis de s'étendre en esprit de finesse.

Lorsqu'une telle raison se propose de travailler au progrès des sciences expérimentales, elle se trouve grandement exposée à donner dans deux travers.

Le premier, c'est d'imposer la forme déductive, voire la forme mathématique, à une science d'observation qui n'est pas prête à les revêtir. D'hypothèses que l'esprit de finesse n'a pas encore pris le temps d'analyser et de préciser, que l'expérience n'a pas assez souvent contrôlées pour leur assurer quelque fermeté, on se hâte de tirer, par des raisonnements très rigoureux, des conséquences nombreuses et détaillées. C'est bâtir à chaux et à sable sur un terrain mouvant. C'est faire œuvre vaine et qui va crouler.

Le second de ces travers, c'est d'oublier qu'une science dont les principes ont été tirés de l'expérience, reste toujours justiciable de l'expérience. Lors donc qu'il en vient à comparer aux faits quelqu'une des conséquences de la théorie, l'observateur doit s'enquérir de la réalité avec autant de soin et d'impartialité que si le raisonnement ne lui avait fourni aucune indication préalable; son attention se doit porter avec une insistance particulière sur tout effet qui, si peu que ce soit, s'écarterait des prévisions; son esprit de finesse doit recueillir et peser ces témoignages avec une scrupuleuse justesse, toujours prêt, si ces démentis l'exigeaient, à condamner la théorie, en dépit de toutes les confirmations qu'elle aurait auparavant reçues. Croire que la rigueur de la déduction a pu conférer aux corollaires d'une hypothèse une certitude *a priori* dont les prémisses ne jouissaient pas; fort de cette confiance, tenir, sans plus ample informé, pour accidentel et négligeable tout écart entre les prévisions de la théorie et la réalité ; ou bien encore trouver à ces écarts des explications et des excuses forgées pour le seul besoin de la cause, c'est tomber dans la plus lourde bévue sinon dans la plus coupable déloyauté.

Une raison qui, par défaut de bon sens et d'esprit de finesse, méconnaît le point où jaillit la vérité ; qui, si volontiers, dans la déduction rigoureuse où elle excelle, voit, pour les conséquences, la source d'une certitude dont les prémisses ne jouissaient pas, une telle raison, disons-nous, se trouve bien mal gardée contre les deux dangers que nous venons de signaler.

Quelques phénomènes nouveaux sont-ils découverts dans le domaine de la Physique ? Elle n'attend pas que des expériences multiples, ingénieuses, analysées avec pénétration, critiquées avec sévérité en aient assuré, éclairé, précisé les lois. Pour bien accomplir cette besogne, il faudrait trop de finesse d'esprit. En hâte, elle remplace par des équations algébriques ces faits à peine observés, et la voilà déduisant sans fin à partir de principes dont on ne sait ce qu'ils valent. Combien de théories de cette espèce, consacrées, pour la plupart, à quelque effet de l'électricité, nous ont été, depuis vingt ans, importées d'Allemagne !

Et d'autre part, dans chacun de ces laboratoires, vastes comme des usines, où travaille, avec une discipline militaire, une pleïade d'étudiants, où chacun veut, en un temps modique, acquérir le titre envié de *Doktor*, une théorie distribue aux candidats ses conséquences multiples, mais toutes semblables entre elles ; le contrôle de chacune de ces conséquences fournira la matière de l'*Inauguraldissertation*, de la mince thèse que doit couronner le doctorat. Elle est toujours vérifiée, la théorie, sans complication, sans à coup, dans le temps prévu.

Dans les laboratoires français, les théories ne montrent pas toujours cette docile complaisance. Si complètes soient-elles, et si bien éprouvées par les expériences antérieures, elles se révèlent trop simples à l'infini ; la réalité est si ample et si complexe qu'elles en sont débordées de toutes parts ; jamais l'observateur sagace n'en poursuit bien longtemps le contrôle sans découvrir des cas imprévus, difficiles, exceptionnels, où sa finesse d'esprit trouve mainte occasion de s'exercer. Au contraire, à la porte de certains laboratoires allemands on pourrait écrire, comme sur telles loteries foraines : Ici, à tous les coups l'on gagne. En voyant, à tout coup, les dés amener double-six, allez-vous, avec Pascal, vous écrier : Les dés sont pipés ? Pensez-vous avoir affaire à des bonneteurs ? Non, vous avez devant vous des géomètres bien disciplinés. Quand une théorie est admise par le *Herr Professor*, et donc vraie, ils ne conçoivent pas comment les conséquences qu'on en déduit rigoureusement pourraient être fausses.

Des deux défauts que nous venons de reprocher à la science allemande, donnons un exemple particulier. L'attitude d'Hæckel à l'égard de l'hypothèse darwinienne nous le fournira.

Charles Darwin était un merveilleux observateur ; patient et sagace, il a étudié avec autant de soin que de pénétration certaines variations éprouvées par les individus d'une même espèce animale ou végétale ; il lui a paru qu'au sein d'une telle espèce, la formation des diverses races se pouvait expliquer par le jeu de la sélection naturelle ; amplifiant alors, mais avec prudence, la loi qu'il avait ainsi découverte, il a pensé qu'elle rendait concevable la dérivation graduelle des êtres vivants de toute espèce à partir d'une souche unique.

L'hypothèse proposée semblait rendre compte d'un très grand nombre de faits. Ne s'en rencontrait-il pas, dans la nature, avec lesquels elle ne fût point compatible ? Si l'on en signalait, il appartenait aux observateurs de les recueillir avec grand soin, de les examiner de près, de reconnaître s'ils n'opposaient à la théorie de la sélection naturelle qu'un apparent démenti, ou bien, au contraire, s'ils la contredisaient d'une manière formelle. C'est une œuvre qu'ont accomplie bien des naturalistes, au premier rang desquels se place un maître dont Charles Darwin louait hautement la perspicacité, notre grand Henri Fabre ; de l'hypothèse darwinienne, cette œuvre n'a guère laissé subsister que des débris.

Hæckel n'a pas pris la question du même biais que ces observateurs. Voici ce qu'il écrivait, treize ans après l'apparition de l'*Origine des espèces*, au sujet de la théorie darwinienne (1) :

« Il ne dépend pas de la fantaisie de chaque zoologiste ou botaniste de l'accepter ou non à titre de théorie explicative. On est rigoureusement obligé, en vertu des principes fondamentaux en vigueur dans le domaine des sciences naturelles, d'accepter et de conserver, tant qu'il ne s'en présente pas une meilleure, toute théorie, fût-elle même faiblement fondée, qui se peut concilier

(1) Ernest Hæckel, *Histoire de la création des êtres organisés d'après les lois naturelles* ; trad. Ch. Letourneau, Paris, 1874. Deuxième leçon, p. 27.

avec les causes efficientes. Ne le point faire, c'est repousser toute *explication scientifique* des phénomènes. »

Le titre unique qu'une hypothèse scientifique puisse avoir à notre créance, c'était, pensions-nous, l'accord de ses conséquences avec tous les faits bien observés. Point du tout. Si « faiblement fondée » soit-elle, elle nous « oblige rigoureusement » à la recevoir, à moins que nous ne soyons en possession d'une hypothèse plus satisfaisante. Cela, direz-vous, n'a pas le sens commun. Ne vous avais-je pas dit que, dans la raison de nombre d'allemands, le bon sens faisait trop souvent défaut ?

L'axiome de la sélection naturelle étant ainsi posé, l'esprit de géométrie en dévide les corollaires ; et, bon gré mal gré, il faut que la nature s'accorde avec les conséquences régulièrement déduites d'un principe que nous sommes « rigoureusement obligés » d'admettre ; aussi, qu'elle est merveilleusement désinvolte l'allure d'Hæckel à l'égard de l'expérience !

Lisons, par exemple, la leçon qu'il consacre à la génération spontanée. Cette leçon a pour objet de prouver que la génération spontanée est possible. Hypothèses touchant la formation du système du Monde, considérations sur l'ancienneté et la température de la terre, relations entre la Chimie organique et la Chimie minérale, description du légendaire *Bathybius Hæckelii*, sont successivement invoquées à l'appui de la thèse qu'il s'agit de soutenir. Cependant, nous songeons que des expérimentateurs ont cru prouver non plus la simple possibilité, mais la réalité même de la génération spontanée ; nous nous souvenons que Pasteur, par une mémorable série de recherches, les a convaincus d'erreur. De ce débat célèbre, il faut bien tenir compte.

Hæckel écrit vingt-neuf pages sur la génération spontanée sans prononcer le nom de Louis Pasteur. De la querelle que nous rappellions, voici tout ce qu'il dit (1) :

« Jusqu'ici, ni le phénomène de l'autogonie (2), ni celui de la plasmagonie (3), n'ont été observés directement et incontestablement. Autrefois et de nos jours, on a institué pour vérifier la possibilité, la réalité de la génération spontanée, des expériences nombreuses et souvent fort intéressantes. Mais ces expériences ont trait, en général, non à l'autogonie, mais à la plasmagonie, à la formation spontanée d'un organisme aux dépens de matières déjà organisées. Évidemment, pour notre histoire de la création, cette dernière catégorie d'expériences n'offre qu'un intérêt secondaire. « L'autogonie existe-t-elle ? » Voilà surtout la question qu'il nous importe de résoudre. « Est-il possible qu'un organisme naisse spontanément d'une matière n'ayant pas préalablement vécu, d'une matière strictement inorganique ? » Nous pouvons donc négliger toutes les expériences si nombreuses tentées durant ces dix dernières années avec tant d'ardeur au sujet de la plasmagonie, et qui d'ailleurs ont eu, *pour la plupart* (4), un résultat négatif. En effet, la réalité de la plasmagonie fût-elle rigoureusement établie, que cela ne prouverait rien touchant l'autogonie. »

Sans doute ; mais qu'on n'ait jamais pu, même aux

(1) Ernest Hæckel, *Op. laud.*, Treizième leçon ; éd. cit. p. 300.

(2) Génération spontanée d'êtres vivants aux dépens de composés purement minéraux.

(3) Génération spontanée aux dépens de composés organiques.

(4) C'est nous qui soulignons.

dépens de substances immédiatement fournies par des êtres vivants, produire une génération spontanée, c'est une présomption singulièrement forte qu'on ne l'obtiendra pas de matières purement minérales. Un honnête homme nous l'eût dit.

Quand, pour escamoter une expérience qui le gêne, un savant recourt à de semblables tours de passe-passe, ce n'est plus de bon sens qu'il manque; c'est de bonne foi (1).

(1) En 1908, le Dr Arnold Brass a vivement reproché à Hæckel d'avoir donné, pour appuyer sa théorie sur la descendance simienne de l'homme, des figures embryologiques inventées en tout ou en partie. Cette accusation fut le point de départ d'une violente polémique

Cette polémique conduisit Hæckel à écrire les lignes suivantes, où s'affirme nettement sa façon de comprendre et de traiter les sciences naturelles :

« Mon enthousiasme pour la Nature et la Science de la Nature (que mes adversaires m'ont souvent reproché comme du fanatisme) et, particulièrement une inclination, de bonne heure développée en moi, à arrondir tout le domaine de la recherche (que quelques-uns de mes amis ont appelée, en plaisantant: inclination à compléter) m'ont conduit, souvent, à dépasser les limites de l'observation *exacte*, et à en combler les lacunes par la réflexion et par des hypothèses. Mais je crois que, précisément, je suis souvent parvenu de la sorte à des résultats utiles, et que ma Philosophie de la Nature, dont on s'est tant moqué, a plus fait pour la connaissance et pour le progrès de la vérité que les milliers d'observations que j'ai livrées consciencieusement au public dans mes monographies des Radiolaires, des Éponges, des Méduses, des Siphonophores, etc. » (Ernst HÆCKEL, *Sandalion, eine offene Antwort auf die Fälschungsanklagen der Jesuiten*. Frankfurt. a. M., 1910, p. 49).

TROISIÈME LEÇON

Les Sciences historiques.

Mesdames, Messieurs,

La vérité historique est une vérité d'expérience ; pour reconnaître, pour découvrir celle-là, l'esprit suit exactement la même voie que pour reconnaître celle-ci ; seulement, au lieu d'observer des faits, il étudie des monuments, il déchiffre des textes ; ces monuments, d'ailleurs, et ces textes sont, eux aussi, des faits.

Au début de toute recherche historique, comme au début de toute recherche expérimentale, il faut une idée préconçue ; cette idée, elle a souvent été suggérée à l'historien par quelque trouvaille heureuse, par la découverte de quelque monument enfoui jusqu'à ce jour, de quelque texte inconnu, que le hasard lui a fait exhumer des décombres d'une ville antique ou de la poussière d'une bibliothèque.

Cette idée préconçue, il s'agit de la soumettre au contrôle des documents et, pour cela, de rechercher ces documents. Recherche souvent difficile, toujours passionnante, mais qu'aucune règle précise ne saurait diriger ; on y retrouve l'entraînement et l'imprévu d'une chasse ; là où tout semblait promettre une riche proie, on fait buisson creux, et le gibier part d'une maigre touffe où l'on ne pensait point le rencontrer. La conduite d'une semblable battue relève si peu de la raison raisonnante qu'on se prend à comparer l'habile fureteur de fouilles et d'archives au chien qui suit une piste, et à dire de lui qu'il a du flair.

Les documents recueillis, il en faut tirer parti. Chacun d'eux requiert alors un examen délicat. Est-il authentique ? La date qu'il offre aux yeux, le nom dont il porte la signature n'ont-ils pas été ajoutés après coup par quelque faussaire ou par quelque ignorant ? — Est-il complet ? Ou bien, n'est-il qu'un débris, et, dans ce cas, que pouvaient être l'étendue, la nature, le sens des fragments perdus ? — Est-il sincère ? L'auteur a-t-il dit, sans addition comme sans réticence, tout ce qu'il jugeait vrai ? Ses passions, ses intérêts ne l'ont-ils pas poussé à grossir, à dissimuler, à modifier une part des événements qu'il racontait ? — Cet auteur était-il bien informé, ou bien, au contraire, était-il hors d'état de connaître à fond les choses qui nous intéressent le plus ? — Comprenons-nous exactement la langue qu'il parlait ? Les pensées qu'il exprime, leur rendons-nous bien le sens que leur donnaient ceux à qui il les communiquait ? Tels sont les problèmes multiples, et j'en passe, que pose le moindre document ; problèmes qu'il faut résoudre si l'on veut de cette chose morte, de ces quelques traits gravés sur la pierre ou sur le métal, sur le papyrus, le parchemin ou le papier, faire un être vivant, parlant, qui nous raconte les âges passés. Il faut, disait Fustel de Coulanges, savoir solliciter un texte. Les adversaires de ce maître ont feint de voir dans ce précepte le conseil d'un suborneur de témoins ; comme s'il eût été capable de cette malpropre pensée, l'homme dont la probité allait jusqu'à la candeur, l'historien qui, de la science à laquelle il avait voué sa vie, disait cette belle parole (1) : « Nous lui demandons ce charme d'impartialité parfaite qui est la chasteté de l'histoire » ! Entendons mieux la pensée de Fustel de Coulanges. En présence d'un texte, l'historien doit être comme le juge d'instruction devant un témoin qui a mal vu, qui s'obstine à ne pas raconter ce qu'il a vu, qui se plaît à inventer ce qu'il n'a pas vu ; le juge, cependant, à force de questions prudentes, patientes, habilement enchaînées, finit par tirer de cet homme ignorant, récalcitrant et menteur des renseignements précis, véridiques et utiles.

Quand on a contraint les textes de parler, il faut écouter leur langage. Ils ne déposent pas tous en faveur de l'idée préconçue qu'ils sont appelés à contrôler; parmi eux, il en est qui lui sont à charge. Est-ce leur témoignage qui mérite de l'emporter sur les témoignages favorables ? Faut-il condamner et rejeter la pensée où notre esprit avait cru, tout d'abord, apercevoir une lueur de vérité ? C'est besogne de juge qu'il s'agit maintenant d'accomplir. Il y faut toutes les qualités qui font le juste juge, non seulement la rigueur et la pénétration de l'esprit, mais encore cette belle et rare vertu du cœur qui a nom : impartialité. Elle est souvent bien difficile à pratiquer, cette impartialité; il nous en coûte de sacrifier l'idée à laquelle nous nous étions d'abord attachés ; il nous en coûte parce que l'homme a toujours quelque amour pour son propre sentiment; il nous en coûte, souvent et surtout, parce que la proposition historique que nous voulions établir devait servir à la défense ou à l'attaque, défense d'une cause qui nous est chère ou

(1) Fustel de Coulanges, *De la manière d'écrire l'histoire en France et en Allemagne depuis cinquante ans* (*Revue des Deux-Mondes*, t. CI, 1872, p. 251).

attaque d'une doctrine qui nous est en horreur. Dans le domaine de toute science, mais, plus encore, dans le domaine de l'histoire, la recherche de la vérité ne requiert pas seulement des aptitudes intellectuelles; elle réclame en outre des qualités morales, la droiture, la probité, le détachement de tout intérêt et de toute passion.

Une fois que notre première supposition a été rejetée, il en faut composer une autre, qui tienne compte de tous les textes, de tous les monuments déjà connus; puis, cette seconde supposition, il la faut, si possible, soumettre au contrôle de nouveaux documents ; ainsi, par cette continuelle comparaison de notre pensée aux faits, par cette incessante impression des faits sur notre pensée, une vérité historique se trouvera peu à peu dégagée, précisée, mise en pleine lumière. Pour justifier une hypothèse sur les origines de la monarchie carolingienne, un historien n'agit pas autrement que n'opérait Pasteur pour vérifier une hypothèse sur la cause de la rage.

Ce travail historique, c'est à l'esprit de finesse qu'il appartient essentiellement de l'accomplir. C'est bien de cette recherche qu'on peut dire : « Les principes sont dans l'usage commun et devant les yeux de tout le monde. On n'a que faire de tourner la tête ni de se faire violence. Il n'est question que d'avoir bonne vue, mais il faut l'avoir bonne; car les principes sont si déliés et en si grand nombre, qu'il est presque impossible qu'il n'en échappe. Or l'omission d'un principe mène à l'erreur ; ainsi il faut avoir la vue bien nette pour voir tous les principes, et ensuite l'esprit juste pour ne pas raisonner faussement sur des principes connus ».

Dépourvue d'esprit de finesse, l'intelligence allemande

est singulièrement myope ; elle a voulu, cependant, s'adonner au travail historique ; elle a eu l'ambition d'y passer maîtresse, et d'enseigner aux autres comment il devait être mené. Alors, à la tâche de l'historien, elle a prétendu tracer une voie si droite, si rigoureusement bordée de garde-fous qu'on la pût suivre à l'aveugle. Recherche des documents, critique des textes, établissement des conclusions, elle s'est avisée de tout réduire en règles si précises, si impérieuses que l'intelligence la plus dépourvue de finesse, la plus dénuée de sens commun n'eût qu'à les suivre pour aboutir à coup sûr à la vérité. Ainsi les aiguilles d'une montre, qui ne perçoivent pas le temps, sont, par des rouages découpés et engrenés avec précision, contraintes de marquer très exactement l'heure qu'il est. L'ensemble de ces règles, qui transformaient le critique ou l'historien en horloge bien réglée, a été offert à l'admiration du monde sous le nom de méthode historique.

Il n'y a pas, il ne peut pas y avoir de méthode historique.

Qui dit : *méthode*, dit : voie tracée avec précision, capable de conduire, sans écart, d'un terme à un autre. Dans les arts, il y a méthode partout où il existe un procédé explicitement formulé qui, à l'aide de moyens déterminés, permette d'exécuter à coup sûr une œuvre prescrite. Dans les choses de l'esprit, il y a méthode si la raison possède une règle de conduite qui la mène sans faute de la connaissance de certaines vérités données à la découverte d'autres vérités qui en sont les nécessaires conséquences. Or « un raisonnement dans lequel, certaines choses étant posées, une autre chose en résulte nécessairement, par cela seul que les données sont ce qu'elles sont », c'est, selon la définition même d'Aristote (1), un syllogisme : « Συλλογισμὸς δέ ἐστι λόγος ἐν ᾧ τεθέντων τινῶν ἕτερόν τι τῶν κειμένων ἐξ ἀνάγκης συμβαίνει τῷ ταῦτα εἶναι ». Autant dire que, dans le domaine intellectuel, le mot méthode est synonyme de raisonnement syllogistique, qu'il y a méthode partout où il y a déduction et nulle part ailleurs.

La méthode s'empare donc d'une science au moment même que cette science entre dans l'apanage de l'esprit géométrique ; tant que le progrès d'une science ne dépend que de la finesse d'esprit, cette science est rebelle à toute méthode.

Il y a une méthode générale de la déduction ; Aristote en a pour toujours formulé les lois. Il y a une méthode particulière à chacune des sciences que développe la déduction : Méthode de l'Algèbre, méthode de la Géométrie, méthode de la Mécanique et de la Physique mathématique. Du jour où la notation atomique a permis de dire, au moyen des règles précises, par quelle suite de réactions on pourrait, à coup sûr, effectuer telle substitution, telle synthèse, il y a eu méthode chimique.

Il n'y aura point de méthode historique tant que l'histoire ne procédera pas par déduction ; et l'histoire ne sera jamais une science déductive, parce que l'homme, dont elle traite, est trop complexe, trop insaisissable à toute définition, parce qu'il se meut au milieu d'événements trop nombreux, trop menus, trop enchevêtrés.

Le témoin le mieux placé pour bien voir n'a pas tout vu. Qui dira le concours de circonstances futiles grâce auquel tel fait lui a échappé ? Ce général n'a pas remarqué certain épisode de la bataille qu'il dirigeait; il était occupé à maintenir son cheval qu'une mouche piquait.

(1) Aristote, *Premiers Analytiques*, livre I, ch. I.

Le témoin le plus véridique ne rapporte pas tout ce qu'il a vu ; il conte seulement ce qui lui semble digne d'être noté. Et qu'ils sont souvent infimes, les motifs de ses préférences ! D'un fait d'armes qui a marqué la fin du combat, le général n'a point fait mention dans son récit ; il avait donné force détails sur une action toute semblable qui s'était passée au commencement de la bataille ; pourquoi cette différence ? Il a écourté la fin de sa relation parce qu'il tombait de sommeil.

Pense-t-on, dès lors, qu'on parviendra, par un raisonnement rigoureux, à déterminer quel rapport exact il y a entre ce qui s'est passé et ce qu'un témoin a remarqué, entre ce qu'il a vu et ce qu'il en a rapporté ? Où trouver ici ces idées simples, ces notions clairement définies ; ces principes peu nombreux et « grossiers » sans lesquels la méthode déductive ne se peut suivre ?

Une autre raison interdit à l'histoire l'emploi de la méthode déductive.

Pour qu'une science puisse devenir déductive, il faut que, dans le domaine qu'elle explore, les conséquences résultent nécessairement, ἐξ ἀνάγκης, des données ; il faut que ce domaine soit gouverné par un déterminisme rigoureux.

Aussi ne peut-on jamais déduire en histoire ; jamais on n'y peut affirmer que telles causes, qui sont connues, ont forcément produit tel résultat ; toujours, en effet, entre ces causes et ce qui en est résulté, la volonté de l'homme s'est entremise, et cette volonté est libre.

Impossible, par exemple, de formuler un procédé infaillible pour reconnaître si le témoignage donné par un document est sincère ou mensonger. Accumulez toutes les raisons qui ont pressé l'auteur de dissimuler la vérité ; citez tous les intérêts qui le sollicitaient, toutes les passions qui l'agitaient, tous les vices qui le pourrissaient ; encore est-il qu'il demeurait libre de ne pas tromper et donc qu'il a pu dire vrai ; si vous l'accusez de nous duper, ce sera parce que votre bon sens, votre finesse d'esprit vous font soupçonner en lui un faux témoin ; ce ne sera pas à titre de conclusion d'un syllogisme, car le libre arbitre de cet homme empêcherait toujours votre syllogisme de conclure.

Pour que la critique historique pût fonctionner avec la même sûreté et la même précision qu'un mécanisme bien réglé, il faudrait que l'homme même fût une machine, qu'il en eût les rouages simples et rigides, qu'il en eût le mouvement nécessaire.

Or l'histoire allemande veut être une histoire méthodique, une histoire déductive. De principes qu'elle pose comme assurés, elle prétend tirer avec rigueur des conséquences qui ne peuvent manquer d'être vraies, d'être conformes à la réalité ; et si les faits ne s'accordent pas avec les corollaires du raisonnement, c'est tant pis pour les faits ; ce sont eux qui se trompent, non les conclusions du syllogisme ; ce sont eux qu'on retouchera et corrigera, non les prévisions qu'a fournies la méthode.

Que les historiens français n'aient jamais, eux aussi, donné dans ce travers, il serait, hélas, impossible de le soutenir. La vérité, en maintes circonstances, peut servir ou gêner des intérêts si forts et des passions si violentes, qu'il est malaisé de la chercher en toute indépendance, de n'être point tenté de modeler la réalité à l'image de la thèse qu'on entend soutenir, au lieu de mouler la thèse sur les faits. « Nos historiens, depuis cinquante ans, ont été des hommes de parti, écrivait

Fustel de Coulanges en 1872 (1). Si sincères qu'ils fussent, si impartiaux qu'ils eussent être, ils obéissaient à l'une ou à l'autre des opinions politiques qui nous divisent. Ardents chercheurs, penseurs puissants, écrivains habiles, ils mettaient leur ardeur et leur talent au service d'une cause. Notre histoire ressemblait à nos assemblées législatives ; on y distinguait une droite, une gauche, des centres. C'était un champ-clos où les opinions luttaient. Écrire l'histoire de France était une façon de travailler pour un parti et de combattre un adversaire. L'histoire est ainsi devenue chez nous une sorte de guerre civile en permanence. »

A cette histoire militante, telle qu'elle était au moment où il écrivait, Fustel opposait la science historique telle que sa droiture la souhaitait. « Il serait préférable, disait-il (2), que l'histoire eût toujours une allure plus pacifique, qu'elle restât une science pure et absolument désintéressée. Nous voudrions la voir planer dans cette région sereine où il n'y a ni passions, ni rancunes, ni désirs de vengeance. Nous lui demandons ce charme d'impartialité parfaite qui est la chasteté de l'histoire... L'histoire que nous aimons, c'est cette vraie science française d'autrefois, cette érudition si calme, si simple, si haute de nos Bénédictins, de notre Académie des Inscriptions, des Beaufort, des Fréret, de tant d'autres, illustres ou anonymes, qui enseignèrent à l'Europe ce que c'est que la science historique, et qui semèrent, pour ainsi dire, toute l'érudition d'aujourd'hui. L'histoire, en ce temps-là, ne connaissait ni les haines de parti, ni les haines de race ; elle ne cherchait que le vrai, ne

(1) Fustel de Coulanges, *loc. cit.*, p. 243.
(2) Fustel de Coulanges, *loc. cit.*, pp. 250-251.

louait que le beau, ne haïssait que la guerre et la convoitise. Elle ne servait aucune cause, elle n'avait pas de patrie ; n'enseignant pas l'invasion, elle n'enseignait pas non plus la revanche. »

Le souhait que formulait Fustel de Coulanges a été entendu et exaucé. Il l'a été, d'abord, parce que le maître, dans son enseignement comme dans ces écrits, donnait un parfait exemple des vertus qu'il réclamait de l'historien. Il l'a été, aussi, parce qu'il était adressé à des français ; et chez nous, si l'on n'est que trop porté à se combattre, nombreux, du moins, sont ceux qui rougiraient d'user d'armes déloyales. Aussi a-t-on vu naître et grandir une pleïade d'historiens qui ont renoué la tradition de pure et calme impartialité saluée par Fustel chez les créateurs français de l'histoire.

Pour être sincères, ils ont su faire abstraction des passions politiques, dût leur impassible attitude soulever les protestations de tous les partis. Beaucoup d'entre nous ont assurément gardé le souvenir des mouvements contradictoires que suscita, dans l'opinion, la publication des volumes successifs des *Origines de la France contemporaine*. Par son premier volume, *L'Ancien Régime*, Taine irrita vivement les Royalistes. Les trois volumes suivants, consacrés à l'histoire de *La Révolution*. soulevèrent, chez les Jacobins, une tempête qui n'est pas encore apaisée. Enfin les Impérialistes saluèrent de leurs imprécations l'apparition du premier volume sur *Le Régime Moderne*. C'est que, dans cette œuvre, nul ne trouvait, de son propre parti, le portrait flatté qui, seul, eût été jugé ressemblant. Cette image de complaisance, le grand honnête homme que fut Hippolyte Taine n'avait pas voulu la dessiner. « A mon sens, écrivait-il (1), le passé a sa figure propre, et le portrait que voici ne ressemble qu'à l'ancienne France. Je l'ai tracé sans me préoccuper de nos débats présents ; j'ai écrit comme si j'avais eu pour sujet les révolutions de Florence ou d'Athènes. Ceci est de l'histoire, rien de plus, et s'il faut tout dire, j'estimais trop mon métier d'historien pour en faire un autre, à côté, en me cachant. »

Sans cesser d'être des hommes, et des hommes de cœur, sans rien retrancher de l'amour passionné que chacun d'eux portait aux causes qu'il tenait pour justes et belles, nombre d'historiens ont su, comme Fustel de Coulanges, comme Taine, garder pour la vérité un respect sans défaillance. Un Henry Houssaye, par exemple, pouvait écrire au début de son admirable *1814* (2) :

« Nous avons consciencieusement cherché la vérité. Au risque de froisser toutes les opinions, nous avons voulu ne rien omettre, ne rien voiler, ne rien atténuer. Mais impartialité n'est point indifférence. Dans ce récit, où nous avons vu avant tout la France, la grande blessée, nous n'avons pu ne pas tressaillir de pitié et de colère. Sans prendre parti pour l'empire, nous nous sommes réjoui des victoires de l'empereur et nous avons souffert de ses défaites. En 1814, Napoléon n'est plus le souverain. Il est le général ; il est le premier, le plus grand et le plus résolu des soldats français. Nous nous sommes rallié à son drapeau en disant, comme le vieux paysan de Godefroy Cavaignac : « Il ne s'agit plus de

(1) H. Taine, *Les Origines de la France contemporaine* ; *la Révolution* ; t. I, *L'Anarchie* ; préface, p. III.

(2) Henry Houssaye, *1814*. 53e édition, Paris, 1907 ; Préface, p. VIII.

» Bonaparte. Le sol est envahi. Allons nous battre ».

Et lorsque le sol avait été envahi de nouveau, Houssaye, lui aussi, était allé se battre.

La finesse d'esprit d'un Henry Houssaye savait allier l'amour de la patrie poussé jusqu'au sacrifice et l'amour de la vérité poussé jusqu'à la plus jalouse impartialité. Ne demandez pas un tel chef-d'œuvre de tact et de délicatesse à l'esprit géométrique d'un allemand.

Cet esprit géométrique a transformé l'histoire en science déductive. Il part d'axiomes qu'il tient pour absolument vrais. Les corollaires qu'il en déduit avec rigueur ne peuvent pas ne pas être, eux aussi, absolument vrais. Il est donc certain d'avance que, dans ces cadres construits *a priori*, tous les documents recueillis avec tant de patience et de minutie doivent se ranger. De cette nécessité, l'historien germain se tient pour tellement assuré que si, d'aventure, quelque texte n'entre pas tout seul dans la case qui l'attend, eh bien ! une brutale poussée pliera ce rebelle à la discipline que le raisonnement lui impose.

Parmi les axiomes dont se réclame l'histoire germanique, il en est un qui domine tous les autres. Il s'énonce en ces termes : *Deutschland über alles* ! L'Allemagne au-dessus de tout !

Ce n'est pas d'hier que les historiens allemands ont mis dans ce principe une confiance absolue. Écoutez ce que Fustel de Coulanges (1) écrivait d'eux au lendemain de la guerre de 1870-1871 :

« Une volonté unique et commune circule dans ce grand corps savant qui n'a qu'une vie et qu'une âme.

» Si vous cherchez quel est le principe qui donne

(1) Fustel de Coulanges, *loc. cit.*, p. 245 et pp. 246-247.

cette unité et cette vie à l'érudition allemande, vous remarquerez que c'est l'amour de l'Allemagne. Nous professons en France que la science n'a pas de patrie; les Allemands soutiennent sans détour la thèse opposée. » Il est faux, écrivait naguère un de leurs historiens, » M. de Giesebrecht, que la science n'ait point de patrie » et qu'elle plane au-dessus des frontières; la science » ne doit pas être cosmopolite; elle doit être nationale, » elle doit être allemande »...

» L'érudit allemand a une ardeur de recherche, une puissance de travail qui étonnent nos français; mais n'allez pas croire que toute cette ardeur et tout ce travail soient pour la science; la science ici n'est pas le but; elle est le moyen. Par delà la science, l'Allemand voit la patrie; ces savants sont savants parce qu'ils sont patriotes. L'intérêt de l'Allemagne est la fin dernière de ces infatigables chercheurs. On ne peut pas dire que le véritable esprit scientifique fasse défaut en l'Allemagne; mais il y est beaucoup plus rare qu'on ne le croit généralement. La science pure et désintéressée y est une exception et n'est que médiocrement goûtée. L'Allemand est en toutes choses un homme pratique; il veut que son érudition serve à quelque chose, qu'elle ait un but, qu'elle porte coup. Tout au moins faut-il qu'elle marche de concert avec les ambitions nationales, avec les convoitises et les haines du peuple allemand. Si le peuple allemand convoite l'Alsace et la Lorraine, il faut que la science allemande, vingt ans d'avance, mette la main sur ces deux provinces. Avant qu'on ne s'empare de la Hollande, l'histoire démontre déjà que les Hollandais sont des Allemands. Elle prouvera aussi bien que la Lombardie, comme son nom l'indique, est une terre allemande, et que Rome est la capitale naturelle de l'empire germanique.

» Ce qu'il y a de plus singulier, c'est que ces savants sont d'une sincérité parfaite. Leur imputer la moindre mauvaise foi serait les calomnier. Nous ne pensons pas qu'il y en ait un seul parmi eux qui consente à écrire sciemment un mensonge. Ils ont la meilleure volonté d'être véridiques et font de sérieux efforts pour l'être ; ils s'entourent de toutes les précautions de la critique historique pour s'obliger à être impartiaux ; ils le seraient, s'ils n'étaient pas Allemands. Ils ne peuvent faire que leur patriotisme ne soit pas le plus fort. On dit avec quelque raison au-delà du Rhin que la conception de la vérité est toujours subjective. L'esprit ne voit, en effet, que ce qu'il peut voir. Les yeux des historiens allemands sont faits de telle façon qu'ils n'aperçoivent que ce qui est favorable à l'intérêt de leur pays ; c'est leur manière de comprendre l'histoire ; ils ne sauraient la comprendre autrement. Aussi l'histoire d'Allemagne est-elle devenue tout naturellement dans leurs mains un véritable panégyrique ; jamais nation ne s'est tant vantée. Ils ont profité très habilement du reproche de vantardise que nous nous adressions pour se vanter tout à leur aise. Nous nous proclamions vantards ; ils se vantaient avec candeur. Nous faisions croire au monde entier que nous nous vantions, alors même que nos propres historiens semblaient s'appliquer à nous rabaisser ; ils se vantaient sans avertir personne, modestement, humblement, scientifiquement, comme malgré eux et par pur devoir. Cela a duré cinquante ans. »

Quarante-trois années ont passé depuis le jour où Fustel signait cette page ; les Allemands ont continué de se vanter ; seulement, d'humble et modeste, leur vantardise est devenue arrogante, outrecuidante, démesurée. Ils murmuraient doucement : *Deutschland über alles !* L'énoncé de leur axiome favori est devenu le hurlement furieux d'une bande de loups enragés.

Les documents patiemment recueillis, minutieusement critiqués par l'érudition allemande doivent tous concourir à l'établissement de cette proposition : Tout ce qu'il y a de grand, de beau, de bon dans le monde est Allemand. Comment on s'y prend pour les contraindre de rendre le témoignage attendu, un historien de profession vous le dirait avec plus d'abondance et de compétence que je ne le puis faire. Si bornées, cependant, qu'aient été mes excursions dans le domaine de l'histoire, elles m'ont fait rencontrer quelques exemples curieux de cet art d'accommoder les textes ; laissez-moi vous en conter un ; il me sera fourni par le Doktor Jos. Ant. Endres et son livre sur Honorius Augustodunensis (1).

On possède, d'un écrivain du XIIe siècle, un ouvrage intitulé : *De luminaribus Ecclesiæ*. Les génies qui ont été les flambeaux de l'Église y sont successivement énumérés, ainsi que leurs principaux écrits. Le dernier article est consacré à l'auteur lui-même. Il nous dit qu'il est : *Honorius, presbyter et scholasticus ecclesiæ Augustodunensis*. De l'avis de tout le monde, et de M. Endres lui-même (2), aucune ville d'Allemagne ne s'est jamais appelée Augustodunum ; la seule ville qui, dans l'Histoire, ait porté ce nom, c'est la ville française d'Autun. Il n'y a donc aucun doute sur la signification des mots

(1) Dr. Jos. Ant. Endres, *Honorius Augustodunensis, Beitrag zur Geschichte des geistigen Lebens in 12. Jahrhundert.* Kempten und München, 1906.

(2) Endres, *Op. laud.*, p. 11.

que je viens de citer ; ils se doivent traduire : Honorius ou Honoré, prêtre et écolâtre de l'église d'Autun.

Si je vous demande maintenant de quel pays était Honoré d'Autun, vous allez sûrement me répondre : Mais d'Autun, parbleu ! — Vous n'entendez rien à la méthode historique. M. Endres, qui s'y connaît, répond sans hésiter : Honoré d'Autun était de Ratisbonne.

Vous désirez sans doute savoir comment se peut établir semblable conclusion ; vous l'allez voir.

L'axiome qui portera toute la démonstration est formulé dès la première ligne de l'ouvrage de M. Endres : Honoré d'Autun était allemand. Pourquoi ? Des auteurs allemands, Rupert von Deutz, Gerhoh von Reichersberg, Otto von Freising ont affirmé, sans aucune preuve d'ailleurs, qu'il le fallait compter au nombre des plus célèbres écrivains de l'Allemagne ; M. Endres se range à leur avis sans l'ombre d'une discussion.

Puisque Honoré d'Autun était allemand, il ne reste plus qu'à déterminer la ville d'Allemagne qui lui a donné le jour.

Dans l'article même où il se dit prêtre et écolâtre de l'église d'Autun, Honoré se donne pour auteur de *L'image du monde*, description sommaire et élémentaire de l'Univers qui eut, au Moyen Age, une vogue extrême. *L'image du monde* renferme un court précis de Géographie ; ouvrons-le ; nous voyons qu'une seule ville de Bavière y est citée ; c'est la ville de Ratisbonne ; plus de doute ; Honoré d'Autun était de Ratisbonne. Doberentz a proposé cette conclusion et M. Endres l'admet avec pleine confiance.

Celui-ci ne peut toutefois se dissimuler (1) que cette

(1) Endres, *Op. laud.*, pp. 9-11.

conclusion se heurte à une terrible difficulté ; dans un texte que M. Endres regarde comme authentique, qu'il prend pour base de son étude, notre allemand de Ratisbonne s'est dit prêtre et écolâtre de l'église d'Autun. N'allons pas, pour si peu, renoncer à la conclusion de notre rigoureuse démonstration. Contentons-nous d'indiquer cette explication : « N'aurions-nous pas affaire à une sorte de pseudonymie moyenâgeuse ? *Wäre es nicht denkbar... dass wir es also mit einer Art mittelalterlichen Pseudonymie zu tun haben ?* » Ainsi, nous dit une note, un contemporain de cet Honorius de Ratisbonne qui prend un malin plaisir à se dire d'Autun, Honorius Conrad d'Hirschau, signait ses opuscules : Le Pélerin, *Peregrinus*. — Eh oui ! Herr Doktor Endres, mais il n'allait tout de même pas jusqu'à se dire prêtre et écolâtre de l'église de Chartres ou de celle de Carpentras.

Nous avons ici un exemple des procédés vraiment déconcertants par lesquels les historiens germains, en dépit des textes les plus formels et les plus clairs, annexent à l'Allemagne un homme ou un pays.

Parfois, d'ailleurs, ils ne se mettent pas en peine de découvrir de pareils subterfuges ; quand un texte les gêne, ils le suppriment purement et simplement. Dans sa belle conférence sur le vrai et le faux patriotisme, donnée récemment, à Bordeaux, sous les auspices du *Journal des Débats*, M. Camille Jullian citait un cas véritablement « kolossal » d'une telle amputation de documents. Dans plusieurs passages, les *Commentaires* de Jules César affirment nettement que la Gaule s'étendait jusqu'au Rhin ; ces passages, les récentes éditions allemandes des *Commentaires* les ont purement et simplement supprimés comme apocryphes ; ils ne pouvaient pas ne pas l'être, puisqu'un raisonnement rigoureux comme de la Géométrie démontre que l'Alsace et la Lorraine ont toujours appartenu à la Germanie.

Ne découvrez-vous pas, maintenant, la raison d'être de certains actes qui vous révoltent ? Aux protestations qui s'élevaient de tous côtés contre les atrocités commises par l'armée allemande, les Universités germaniques, d'un commun accord, ont opposé un manifeste que résume ce raisonnement :

Nous, Universités allemandes, sommes parfaitement bonnes.

Partant notre enseignement est parfaitement bon.

Dès lors, les Allemands que cet enseignement a formés ne peuvent manquer d'être parfaitement bons.

Donc il n'ont pas commis les horreurs que vous leur reprochez.

Et nous, Français, de leur crier : Mais regardez-donc les ruines fumantes des villes incendiées, les cadavres des femmes et des enfants assassinés ! Nous perdons notre temps. Ils ne nous entendront pas. Ils sont sûrs que leur syllogisme est concluant.

Si vous m'annonciez que vous possédez un triangle rectangle où le carré de l'hypoténuse n'est pas égal à la somme des carrés des autres côtés, je ne vous écouterais pas. Vous auriez beau me crier : Mais regardez-donc ! Je ne tournerais seulement pas la tête. La Géométrie, plus sûre que vos sens et que les miens, m'affirmerait que vous êtes dans l'erreur. A vos objurgations, je ne serais pas plus sourd que ne le sont les Germains aux protestations de la conscience universelle.

Nous voici descendus, je crois, jusqu'au fond de l'intelligence allemande.

Pour toute raison sainement constituée, « les principes

se sentent, les propositions se concluent ». Les axiomes condensent en eux tout ce que le sens commun, aiguisé en esprit de finesse, a pu découvrir de vrai. Sans ajouter à ce trésor la moindre parcelle de vérité, le raisonnement déductif distribue fidèlement aux conséquences la richesse qu'il a empruntée aux axiomes.

L'Allemand bouleverse tout cela, car c'est un dément. Sa raison est un monstre où l'excès de développement d'une faculté a fait avorter l'autre faculté. Doué d'un puissant esprit géométrique qui lui permet de déduire avec une extrême rigueur, il est démuni du bon sens, de l'esprit de finesse qui fournissent la connaissance intuitive de la vérité. Alors, il renverse les conditions normales du savoir humain. Incapable de juger si un principe est vrai ou faux, il tient tout axiome pour un postulat, pour un décret arbitrairement posé par notre volonté ; puis, confondant vérité avec rigueur, il tient pour vraie toute conséquence régulièrement déduite d'une telle prémisse.

Autant dire qu'il tient pour assuré tout jugement dont la vérité s'accorderait avec ses intérêts ou ses passions ; il lui suffit, en effet, de se donner un axiome tel qu'une déduction aux formes rigoureuses en puisse tirer la proposition souhaitée.

Par exemple, en temps de guerre, la fantaisie lui prend elle de massacrer des êtres inoffensifs ? Il pose ce postulat : Tout ce qui est de nature à diminuer la durée d'une guerre est humain. Puis, après avoir déroulé quelques syllogismes bien concluants, il vole, viole, pille, incendie, fusille et torpille avec la conscience sereine d'un bienfaiteur de l'humanité.

Avec une merveilleuse perspicacité, Fustel de Coulanges l'avait reconnu : « L'Allemand est en toutes choses un homme pratique ; il veut que son érudition serve à quelque chose, qu'elle ait un but, qu'elle porte coup. » La science allemande et, surtout, l'histoire ne sont, bien souvent, que des arsenaux où le Germain se puisse fournir de principes propres à justifier ses actes. Grâce à l'immense labeur de ses savants, de ses philosophes et de ses historiens, l'Allemand a toujours sous la main, au moment de commettre un forfait, l'axiome à partir duquel un raisonnement solide lui démontrera qu'il fait bien. Des scélérats, c'est le plus redoutable ; contre le remords, il a pris une assurance aussi certaine que deux et deux font quatre.

QUATRIÈME LEÇON

Ordre et clarté

Conclusion

Mesdames, Messieurs,

L'esprit allemand est puissamment géométrique, mais il n'est que géométrique; cette formule résume tout ce que nous avons dit des caractères qui marquent, en Allemagne, les sciences de raisonnement, les sciences expérimentales, les sciences historiques.

Si le propre de l'intelligence allemande, c'est d'être exclusivement esprit de géométrie, d'où vient donc que les œuvres produites par cette intelligence nous offrent, si souvent, le spectacle d'une chaotique confusion, d'une profonde obscurité? Car enfin, quoi de plus clair, quoi de plus ordonné que la Géométrie?

Observez cet homme qui assiste à un concert. Son oreille, très fine et très exercée, distingue avec une merveilleuse exactitude les moindres nuances de hauteur ou de timbre; elle résout les accords les plus compliqués; l'harmonie, comme la mélodie, n'a pas de secret pour elle. Le concert fini, cet homme se lève pour sortir; dans les complexités de la musique, il se dirigeait avec sûreté; maintenant, il tâtonne, il hésite, il heurte choses et gens; n'en soyez point étonné; il est aveugle.

D'une façon toute semblable, la science allemande n'est ni obscure ni confuse dans ce qui relève de l'esprit de géométrie; ses algébristes, un Weierstrass, un Schwartz, mettent, dans leurs recherches, un ordre admirable ; ils y poussent jusqu'à l'excès le souci de la clarté. Mais lorsque, quittant le domaine propre de la méthode déductive, la raison germanique s'aventure en des régions où l'esprit de finesse serait seul clairvoyant, elle marche à l'aveugle.

Alors, en effet, elle imite l'aveugle. Où, pour se diriger, le commun des hommes use de la vue, l'aveugle fait appel aux seuls sens qu'il possède, à l'ouïe et au toucher. Ainsi, privée de la lumière du sens commun et de l'esprit de finesse, la science allemande essaye, là où cette lumière serait indispensable, de se diriger selon l'ordre géométrique ; mais cet ordre ne lui peut donner les clartés dont elle aurait besoin.

De même qu'il y a deux sortes d'esprits, l'esprit de finesse et l'esprit de géométrie, que chacun d'eux contribue, pour la part qui lui est propre, à la construction de la Science, que l'œuvre de l'un ne saurait jamais être accomplie par l'autre, de même y a-t-il deux espèces d'ordres, l'ordre géométrique et l'ordre naturel ; chacun d'eux est source de lumière quand on l'introduit là où il convient ; mais on tomberait aussitôt dans l'erreur si l'on se contentait de mettre un ordre naturel dans des matières qui ressortissent à l'esprit de géométrie ; et l'on demeurerait dans une profonde obscurité si l'on demandait à l'ordre géométrique d'éclairer ce qui dépend de l'esprit de finesse.

Suivre l'ordre géométrique, c'est n'avancer jamais aucune proposition qui ne se puisse démontrer à l'aide des propositions précédemment établies.

Suivre l'ordre naturel, c'est rapprocher les unes des autres les vérités qui concernent des choses analogues par nature, c'est mettre de l'éloignement entre jugements qui portent sur des choses dissemblables.

En Géométrie même, il faut parfois tenir compte de l'ordre naturel ; en effet, sans manquer le moins du monde à la rigueur, qui constitue tout l'ordre géométrique, il arrive qu'on puisse, d'un même ensemble de théorèmes, concevoir plusieurs dispositions différentes ; l'esprit de finesse, dans ce cas, indiquera au géomètre quelle est, de ces dispositions, la plus naturelle et, partant, la meilleure. C'est une tâche essentielle et, souvent, fort négligée par le géomètre qui n'est que géomètre. Inspirée par Descartes et Pascal, la *Logique de Port Royal* le lui reproche déjà. Parmi les défauts dont elle l'accuse, se trouve celui-ci (1) : « *N'avoir aucun soin du vrai ordre de la nature*. C'est ici le plus grand défaut des géomètres. Ils se sont imaginés qu'il n'y avait presque aucun ordre à garder, sinon que les premières propositions pussent servir à démontrer les suivantes. Et ainsi, sans se mettre en peine des règles de la véritable méthode, qui est de commencer toujours par les choses les plus simples et les plus générales, pour passer ensuite aux plus composées et aux plus particulières, ils brouillent toutes choses, et traitent pêle-mêle les lignes et les surfaces, les triangles et les carrés, prouvent par des figures les propriétés des lignes simples, et font une infinité d'autres renversements qui défigurent cette belle science. Les *Éléments* d'Euclide sont tout pleins de ce défaut... »

On ne s'étonnera pas que les mathématiciens allemands aient grandement donné dans ce travers. Si nous ne redoutions d'être trop techniques, nous montrerions ici, par quelques exemples, comment la poursuite exclu-

(1) *La Logique ou l'Art de penser*, IVe Partie, Ch. IX, cinquième défaut.

sive de la rigueur algébrique conduit souvent les géomètres d'outre-Rhin au plus complet dédain de l'ordre qu'au sujet traité, imposeraient les affinités naturelles; mais il nous faudrait entrer en de trop nombreux détails, et trop spéciaux (1).

Lorsqu'il est privé du secours de l'esprit de finesse et prétend se suffire à lui-même, l'esprit de géométrie n'est pas seulement incapable de disposer une doctrine mathématique selon l'ordre naturel; il méconnaît, en outre, l'affinité qui existe entre les diverses sciences; il oublie quels liens essentiels rattachent les Mathématiques aux autres parties du savoir humain.

L'étude de la nature, l'Astronomie, la Physique doi-

(1) Ainsi nous eussions pu prendre exemple d'un livre, excellent d'ailleurs à certains égards, du *Traité de Physique cristalline* composé par le professeur Woldemar Voigt (*a*).

Toute la composition de ce traité est rigoureusement ordonnée à partir d'une pensée qui fut émise naguère par Pierre Curie; cette pensée, entièrement géométrique, a trait aux divers genres de symétrie qui peuvent affecter les grandeurs destinées à représenter les propriétés physiques; deux effets se trouvent donc dans ce livre, joints l'un à l'autre ou séparés l'un de l'autre par cela seul qu'on y trouve la même espèce de symétrie ou des symétries de différentes sortes. Cet ordre purement mathématique a pour effet de placer dans des chapitres extrêmement distants certains phénomènes que la pensée du physicien associe sans cesse entre eux; ainsi en est-il de la polarisation des corps diélectriques et de l'aimantation, que ce traité met fort loin l'une de l'autre; cependant, depuis Æpinus et Coulomb, l'analyse de chacune de ces deux propriétés n'a cessé de copier l'analyse de l'autre, et tout progrès dans la connaissance de l'une a, tout aussitôt, fait avancer la connaissance de l'autre.

(*a*) Woldemar Voigt, *Lehrbuch der Krystallphysik*; Leipzig und Berlin, 1910.

vent, aux Mathématiques, poser les problèmes que ces dernières s'efforceront de résoudre ; et la solution de ces problèmes doit être tellement dirigée qu'elle puisse servir aux sciences d'observation qui la réclament. Les purs géomètres sont souvent tentés de briser ce lien entre leur science de prédilection et les autres sciences ; sous prétexte que leur méditation doit être entièrement désintéressée, ils prétendent se poser à eux-mêmes les problèmes qu'ils résoudront sans la moindre intention de les appliquer à quoi que ce soit, et « pour le seul honneur de l'esprit humain ». Rien de plus dangereux qu'une telle façon d'agir ; non seulement elle prive les sciences d'observation de moyens de recherches dont elles ne sauraient se passer sans tomber dans l'empirisme, mais encore, en isolant les sciences mathématiques, elle les rend stériles. La plupart des questions qui se sont montrées fécondes, qui ont engendré d'amples théories de Géométrie ou d'Algèbre, avaient été posées au mathématicien par le physicien ou par l'astronome ; et, dans une foule de cas, la science d'observation ne s'était pas contentée de formuler le problème, elle en avait suggéré la solution. Sans cette suggestion, nombre d'importants théorèmes n'eussent peut-être jamais vu le jour. Daniel Bernoulli, par exemple, eût-il jamais pensé (1) que toute fonction périodique se pouvait développer en une suite de sinus d'arcs multiples les uns des autres, si son oreille de musicien n'avait, au sein de tout son complexe, discerné les sons simples, harmoniques les uns des autres, qui le composent ? Peut-être, dans un monde de sourds, les Dalembert, les Euler, les Lagrange n'eussent-

(1) Cette découverte se trouve dans les *Mémoires de l'Académie de Berlin* pour 1753.

ils point imaginé les séries trigonométriques, privant ainsi l'Analyse d'une de ses plus amples doctrines, la Mécanique céleste et de la Physique d'une de leurs aides les plus puissantes.

C'est donc à juste titre qu'Henri Poincaré écrivait (1) :

« Il faudrait avoir complètement oublié l'histoire de la Science pour ne pas se rappeler que le désir de connaître la nature a eu, sur le développement des Mathématiques, l'influence la plus constante et la plus heureuse.

» En premier lieu, le physicien nous pose des problèmes dont il attend de nous la solution. Mais en nous les proposant, il nous a payé largement d'avance le service que nous pourrons lui rendre, si nous parvenons à les résoudre.

» Si l'on veut me permettre de poursuivre ma comparaison avec les beaux arts, le mathématicien pur qui oublierait l'existence du monde extérieur serait semblable à un peintre qui saurait harmonieusement combiner les couleurs et les formes, mais à qui les modèles feraient défaut. Sa puissance créatrice serait bientôt tarie. »

Lorsque Poincaré tenait un tel langage, il était fort de sa propre expérience ; la Mécanique céleste et la Physique mathématique lui avaient posé la plupart des problèmes où son génie d'analyste avait trouvé de si merveilleuses occasions d'exercer sa force et de prouver sa fécondité.

De Descartes à Cauchy, presque tous les grands géomètres ont été, en même temps, de grands théoriciens de la Physique ; aussi n'ont-ils eu garde de méconnaî-

(1) Henri Poincaré, *La valeur de la Science*, pp. 147-148.

tre cette vérité : Entre les diverses sciences, il y a un ordre naturel ; en vertu de cet ordre, la recherche mathématique part de la réalité pour aboutir à la réalité.

Soucieuse, avant tout, de n'aborder aucun problème qui ne pût être résolu jusqu'au bout avec la dernière précision, l'École algébrique allemande n'a plus eu le le moindre souci de l'enchaînement naturel des connaissances humaines. Sous prétexte de rendre les mathématiques plus pures et plus rigoureuses, elle s'est appliquée à effacer de ces sciences tout ce qui pouvait en rappeler l'origine mécanique ou physique. Ch. Hermite, par exemple, traitait la théorie des fonctions doublement périodiques par les procédés dont sont coutumiers ceux qui s'adonnent à l'étude de l'électricité et du magnétisme ; Weierstrass a voulu que cette théorie revêtit une forme dont l'enchaînement algébrique fût parfait, mais d'où fût bannie la moindre ressemblance avec les méthodes de la Physique.

Il n'est pas douteux que cette méconnaissance de la place assignée aux sciences mathématiques dans l'ensemble des connaissances humaines n'ait été aussi dommageable aux Mathématiques mêmes qu'à la Physique ; celles-là y ont perdu en fécondité ce que celle-ci y a perdu en force et en clarté ; par là, l'ampleur et la solidité de la science tout entière se sont vues gravement compromises.

Jusqu'ici, nous nous sommes contenté d'affirmer que l'esprit de géométrie était incapable, par ses propres forces, d'établir un ordre naturel soit dans le domaine d'une science, soit entre les diverses sciences. Il nous faut montrer maintenant quelle est la raison de cette incapacité. Un exemple, fourni par la Botanique, éclairera le principe que nous nous proposons d'établir.

Pour mettre en ordre la multitude des végétaux, Linnée avait proposé une classification systématique qui s'établissait avec la plus grande aisance. On comptait le nombre des étamines que porte une fleur; selon qu'on en trouvait une, deux, trois, quatre etc., la fleur prenait place dans une classe bien déterminée ; cette classe, était, suivant le cas, la *monandrie*, la *diandrie*, la *triandrie*, la *tétrandrie* etc. Rien de plus net que ce mode de classification, d'une simplicité tout arithmétique. Rien non plus qui disloquât plus brutalement les affinités naturelles des végétaux ; il arrive, en effet, que des plantes fort analogues ne portent pas le même nombre d'étamines, qu'un nombre égal d'étamines se rencontre en des fleurs très dissemblables. Linnée avait mis, dans le règne végétal, un ordre tout géométrique, nullement un ordre naturel.

Ce défaut frappa Bernard de Jussieu ; Louis XV l'avait chargé, en 1758, de planter un jardin botanique à Trianon ; Jussieu ne voulut pas que les plantes y fussent groupées selon l'ordre artificiel de Linnée; il désira qu'elles fussent rapprochées d'après leurs analogies naturelles. Les règles qu'il avait appliquées furent reprises et complétées par son neveu Antoine Laurent de Jussieu qui donna, en 1789, son *Genera plantarum secundum ordines naturales disposita* (1). Pour la première fois, dans ce livre, les botanistes trouvèrent une classification naturelle des végétaux.

(1) Antonii Laurentii de Jussieu... *Genera plantarum secundum ordines naturales disposita, juxta methodum in Horto Regio Parisiensi exaratam, anno M DCCLXXIV.* Parisiis, apud Viduam Herissant et Theophilum Barrois, 1789.

Le *Genera plantarum,* a dit Cuvier, « fait, dans les sciences d'observation, une époque peut-être aussi importante que la Chimie de Lavoisier dans les sciences d'expérience ».

Laurent de Jussieu rejette (1) « ces systèmes arbitrairement construits, qui nous offrent une science artificielle et non pas une science naturelle, qui nous présentent une science condamnée d'avance à ne nous point donner, des plantes, une connaissance approfondie, mais seulement à les définir sommairement et à les nommer d'une façon certaine ». La création de semblables systèmes ne peut être qu'œuvre provisoire, dont l'esprit se contente, « en attendant qu'une méditation répétée ait distribué les plantes, de plus heureuse façon, suivant une série vraiment naturelle ».

Comment donc découvrira-t-on cet ordre qui doit grouper les plantes selon leurs véritables affinités ? « Les caractères (2) des végétaux sont inégaux en excellence (*præstantia inæquales*). On les disposera en ordre selon la dignité de l'organe qu'ils affectent et selon l'importance (*momentum*) des divers rôles de cet organe. Ceux qui sont inconstants ou variables, ceux qui ont plus de fixité, ceux enfin qui sont très constants ou essentiels ne doivent pas être employés indistinctement dans la comparaison des plantes; on les doit employer conformément à leur ordre ».

« Toutefois (3) cette subdivision des caractères en trois classes ne suffit pas ; chacune de ces classes admet une multitude de degrés qu'il serait malaisé de définir ;

(1) A. L. de Jussieu, *Op. laud* ; Introductio in Historiam plantarum, p. XXXIV.
(2) A. L. de Jussieu, loc. cit., p. XIX.
(3) A. L. de Jussieu, loc. cit., p. XXXIX.

ce sera la tâche excellente du botaniste qui étudie assidûment la nature de peser attentivement l'importance de tous les caractères, afin de donner à chacun d'eux la place immuable qui lui revient. — *Optimus labor botanici naturam sectantis is erit, ut caracterum omnium momenta perpendat, suum singulis locum daturus immutabilem.* »

Pour obtenir une classification naturelle, il ne suffit pas, comme le faisait Linnée, de choisir arbitrairement un caractère qui prête au langage de l'Arithmétique et d'opérer un simple dénombrement ; il faut prendre tous les caractères et les *peser*, afin de connaître quel exerce un plus grand *moment*, quel en produit un moindre sur « la balance des affinités (*affinitatum trutina*) » (1). On ne saurait dire plus clairement que l'établissement d'une classification naturelle passe les forces de l'esprit de géométrie et que, seul, l'esprit de finesse s'y peut essayer.

Le degré d'importance, tantôt moindre et tantôt plus élevé, n'est pas, en effet, au nombre des notions que l'esprit géométrique est capable de concevoir.

Il y a quelques années, un plan d'études, destiné à je ne sais plus quelle classe, recommandait au professeur de Géométrie de ne démontrer que les théorèmes les plus importants. Ce fut, chez les mathématiciens, l'occasion d'une longue hilarité. Dans une chaîne, aucun maillon n'est plus ou moins important qu'aucun autre ; gros ou petit, quand un anneau casse, la chaîne entière est rompue. L'auteur de ce plan d'études avait imprudemment étendu au domaine de la Géométrie ce qui est vrai dans le domaine de la finesse.

(1) A. L. de Jussieu, loc. cit., p. XXXVII.

Tel caractère d'un objet est-il marque essentielle ou particularité accessoire ? Telle ressemblance entre deux êtres est-elle analogie réelle et profonde ou bien similitude apparente et superficielle ? Telle pensée, dans une doctrine, doit-elle être tenue pour dominante ou pour subordonnée ? Ce sont choses qui se sentent mais ne se concluent pas.

Le seul esprit de finesse peut donc, dans une science, mettre un ordre naturel, parce qu'il peut seul apprécier le degré d'importance des diverses vérités. Cette appréciation lui est nécessaire s'il veut placer en pleine lumière les propositions essentielles, celles dont la connaissance fera saisir la raison d'être des propositions moins importantes, et découvrira les analogies qui relient celles-ci les unes aux autres ; ces propositions secondaires seront éclairées par le reflet de la splendeur dont brilleront les propositions principales ; enfin la pénombre enveloppera les détails, d'autant plus sombre que ces détails seront de plus mince intérêt.

L'esprit géométrique de l'Allemand ne conçoit pas ce que nous entendons par détail sans importance.

Un jeune docteur allemand était venu au laboratoire de Pasteur pour s'initier, disait-il, aux méthodes de la microbiologie française. Il était élève de Koch. A l' « Institut » de Koch, on cultivait les microbes sur des tranches de pomme de terre ; ce n'était pas la coutume de la rue d'Ulm ; pour mieux connaître, sans doute, les procédés de ce laboratoire-ci, notre Allemand prétendait faire exclusivement ce qui se faisait dans ce laboratoire-là. « Qu'à cela ne tienne, lui dit-on ; cultivez vos bacilles comme vous l'entendez ; voici des pommes de terre. » — « Mais où est le couteau pour les éplucher ? » — « Prenez le premier couteau venu, et si vous n'en trouvez pas, achetez un eustache au bazar à treize sous. » — « A Berlin, pour éplucher les pommes de terre, nous avons un couteau spécial. » Et notre docteur ne voulut pas commencer ses recherches qu'il n'eût reçu, du laboratoire de Koch, cet instrument consacré à l'épluchage des pommes de terre. Dans son esprit, ce couteau prenait rang de méthode scientifique.

Incapable de distinguer ce qui est vérité capitale de ce qui est détail insignifiant, l'Allemand, dès là que la méthode déductive ne lui imposera plus rigoureusement l'ordre à suivre, ne saura comment il doit composer un ouvrage ; il ignorera l'art de donner un brillant relief aux idées essentielles, et d'assourdir peu à peu la lumière, au fur et à mesure qu'elle doit tomber sur des pensées de moindre valeur ; dépourvu de l'esprit de finesse qui lui permettrait de peser les analogies et les différences, il ne pourra classer d'une manière naturelle les sujets qu'il traite. A défaut de classification naturelle, il cherchera pour son œuvre quelque ordre géométrique ; et plus cet ordre sera rigide, plus les dichotomies en seront fréquentes et durement tranchées, plus on y trouvera de subdivisions méticuleuses et ramifiées à l'infini, plus l'auteur s'en déclarera satisfait. Mais comme cet ordre systématique ne sera pas tiré de la nature même des choses, comme il sera dicté, le plus souvent, par l'examen de quelque particularité secondaire, il ne sera pas, pour l'esprit du lecteur, le guide qui éclaire les démarches ; bien plutôt, par des rapprochements forcés, par des divorces prononcés en dépit des plus puissantes affinités, il sera source de confusion. La raideur de son allure géométrique, en des matières qui relèvent de la finesse d'esprit, se prendra pour savante ; elle ne sera que pédantesque.

D'ailleurs, si minutieux qu'on le suppose, cet ordre ne pénétrera pas jusqu'au dernier détail de la doctrine qu'il s'agit de présenter ; si réduits que soient les chapitres auxquels il n'imposera plus ses cadres et ses subdivisions, il en faudra bien venir jusqu'à ces ultimes éléments ; alors, privé d'esprit de finesse et délaissé par l'esprit géométrique, l'auteur se noiera dans le galimatias le plus inextricable qui se puisse imaginer.

Pour trouver des types saisissants de ce pathos auquel l'Allemand se voit condamné, dès là qu'il n'a plus, pour se guider, le secours d'un ordre géométrique artificiel, il suffit presque d'ouvrir au hasard un traité germanique. Je n'en veux citer qu'un exemple ; Camille Saint-Saens le cueillait naguère (1) dans les œuvres de Richard Wagner ; c'est une définition de la mélodie :

« La mélodie est la rédemption de la pensée poétique indéfiniment conditionnée, et qui s'effectue par la conscience profonde de la plus haute liberté d'émotion ; elle est l'involontaire voulu et accompli, l'inconscient conscient et proclamé, la nécessité justifiée d'un contenu indéterminé, condensé, à partir de ses ramifications les plus lointaines, en vue d'une extériorisation bien définie d'un contenu indéfiniment étendu. »

Wagner disait un jour à Frédéric Villot : « Quand je relis mes anciens ouvrages théoriques, il m'est impossible de les comprendre. »

Lorsqu'il ne se comprend plus lui-même, l'Allemand est convaincu qu'il atteint enfin la haute Métaphysique. Il n'a pas saisi l'ironie de Voltaire.

(1) C. Saint-Saens, *Germanophilie* (*L'Écho de Paris*, 11 janvier 1915).

Nous avons terminé cette analyse de la science allemande ; dans le développement excessif de l'esprit géométrique, dans l'avortement de l'esprit de finesse et même du simple bon sens, nous en avons découvert les vices profonds ; ils ont empêché l'Allemagne de produire les fruits excellents qu'eût mérités son immense labeur.

Bien souvent, sans doute, en suivant cette analyse, vous avez pensé qu'on la pourrait faire refluer en deçà de nos frontières. Hélas, il n'est que trop vrai ! Depuis longtemps déjà, la science française, oublieuse de ses glorieuses traditions, s'est appliquée servilement à copier la science allemande. De cette infiltration de l'esprit germanique dans l'esprit français, de cet empoisonnement lent du génie de notre nation, nous ne voulons, ici, ni retracer l'histoire ni chercher les causes ni flétrir les coupables auteurs ; nous voulons nous interdire toute récrimination au sujet du passé ; nous ne voulons pas regarder derrière nous, mais devant nous.

Chers étudiants, chers jeunes gens de France, vous vous préparez à rendre au pays, au prix de votre sang généreux, les terres qu'on lui avait volées. Quand vous aurez accompli cette œuvre glorieuse, il vous restera un autre devoir à remplir ; ce sera, par votre labeur, de rendre à la patrie la plénitude et la pureté de son âme. Cherchons donc ensemble comment vous viendrez à bout de cette tâche ; examinons comment vous défendrez votre raison contre le poison germanique.

Ignorerez-vous désormais la science allemande ? C'est le conseil que répètent souvent des voix sans autorité. Il est impossible à suivre ; il serait, d'ailleurs, bien fâcheux qu'on le suivît.

La science expérimentale allemande, l'érudition allemande ont amassé des montagnes de matériaux ; il serait insensé de ne les pas employer à bâtir le temple de la vérité. Ces matériaux, sans doute, ces observations, ces textes ne doivent pas être reçus sans contrôle; il importe de s'assurer, par un examen sévère, que l'excessive préoccupation d'une idée préconçue n'en a pas altéré la loyauté, que l'axiome : *Deutschland über alles* ne les a pas tronqués et falsifiés. Mais prudence n'est pas abstention. Pour refaire la science française, vous puiserez donc largement dans le trésor des documents accumulés par la science allemande. Comme les Hébreux quittant la terre de servitude, vous emporterez les vases d'or des Égyptiens.

Il y a plus. Vous ne soustrairez pas votre esprit à toute influence venue d'Allemagne, car, parmi les impulsions que vous peut donner une telle influence, il en est d'excellentes.

Le défaut de bon sens et d'esprit de finesse est fort commun chez les Germains. Mais à cette règle générale, il est de nombreuses et très heureuses exceptions ; il est des savants allemands dont le génie, parfaitement équilibré, sait faire à chaque faculté sa juste place, sait user tour à tour des intuitions du sens commun et des déductions de l'esprit géométrique. Par exemple, entre les reproches que nous avons adressés à la science allemande, où sont ceux que mériterait l'œuvre d'un Clausius ou d'un Helmholtz ? Parmi les maîtres d'outre-Rhin, il en est à l'école desquels vous pouvez vous mettre en toute confiance; votre intelligence n'en tirera que profit.

Je dis plus encore. Il est mainte œuvre allemande où l'excès d'esprit géométrique efface toute trace d'esprit de finesse, et dont l'étude, cependant, vous peut être très profitable. A cet esprit géométrique, si lourd et si lent, vous emprunterez deux qualités éminemment précieuses, et qui nous manquent trop souvent.

Notre vivacité d'esprit cède volontiers aux conseils de la séduisante imagination ; nous aimons à courir, à voler vers quelque objet brillant et lointain, sans bien prendre garde aux précipices qui bordent la route ; dans le champ de la science positive comme dans le domaine de l'histoire, la réalité nous paraît souvent moins belle que le roman. L'esprit géométrique allemand nous enseignera la patiente rigueur ; il nous apprendra l'art de ne rien avancer que nous n'en ayions la preuve. Toutes les fois qu'on énonçait, devant Fustel de Coulanges, quelque jugement historique : « Avez-vous un texte ? » demandait le maître. Les élèves s'amusaient, parfois, de la régularité persistante avec laquelle tombait cette question prévue. Le grand historien français leur rappelait par là ce qu'il y a de légitime dans les exigences de l'esprit géométrique allemand.

L'esprit géométrique n'est pas seulement esprit de prudence ; il est aussi esprit de suite et de ténacité. La science allemande vous dira de ne point voltiger d'une idée à l'autre, comme le papillon d'une fleur à l'autre, mais, patientes et laborieuses abeilles, de ne pas délaisser une pensée que vous n'ayez tiré de ses nectaires tout le miel qui les gonflait.

Vous ne fuirez donc pas l'influence allemande ; vous recevrez volontiers toutes les impulsions salutaires qu'elle vous peut communiquer ; mais, dès lors, il vous faut un moyen sûr de ne pas donner dans les excès où elle risquerait de vous entraîner ; ce moyen, qui vous le procurera ?

Vous sera-t-il fourni par une influence antagoniste et rivale, par celle de la pensée anglaise ?

A la pensée allemande, rien de plus opposé que la pensée anglaise. En celle-ci, nul desir d'un rigoureux raisonnement qui puisse, entre eux, enchaîner les jugements ; aucune recherche de l'ordre systématique et artificiel ; en un mot, point d'esprit géométrique ; mais une prodigieuse puissance à voir, clairement et distinctement, une multitude d'objets concrets, tout en laissant chacun d'eux à la place où le met la complexe et mouvante réalité. Bien loin d'être excessive déduction, la science anglaise est toute intuition. Rien donc, semble-t-il, n'est plus propre à contrebalancer l'influence exagérée de la pensée allemande que l'influence de la pensée anglaise.

Prenez-y bien garde. Admirez le génie anglais ; ne l'imitez point. Pour procéder à l'anglaise dans la recherche de la vérité, il faut avoir l'esprit fait à l'anglaise ; il faut posséder cette extraordinaire faculté d'imaginer simultanément une foule de choses concrètes sans éprouver le besoin de les ranger, de les classer ; or il est très rare que le Français soit doué de cette faculté. Il a, par contre, pour concevoir des idées abstraites, pour les analyser, pour les ordonner, une aptitude qui manque à l'Anglais. Qu'à la conquête de la vérité, donc, le Français et l'Anglais travaillent chacun de son côté et par les moyens qui lui sont propres ; ils obtiendront tous deux de merveilleux résultats ; mais que l'un ne tente pas d'imiter les gestes de l'autre ; il ne ferait plus que gâcher. Que le poisson nage, puisqu'il a des nageoires ; que l'oiseau vole, puisqu'il a des ailes ; mais n'allons pas conseiller à l'oiseau de nager ni au poisson de voler. A la Physique anglaise, nous devons d'admirables découvertes ; mais le désir insensé de copier cette science a transformé la très harmonieuse et très logique Physique théorique composée par les Français en un honteux et confus ramas d'illogismes et de non-sens. Que cette seule affirmation suffise dans ces *Leçons* ; qu'on ne leur en demande pas la preuve, puisqu'elles s'interdisent tout retour sur le passé.

Vous vous trouverez donc soumis, tout à la fois, à l'influence allemande et à l'influence anglaise, prêts à recevoir, de chacune d'elles, les impressions bienfaisantes qu'elle peut exercer, mais résolus à ne vous laisser entraîner, ni par l'une ni par l'autre, aux abîmes où sombrerait votre génie français.

On peut naviguer dans le détroit de Messine ; mais il faut, à la barre, un timonnier au regard clairvoyant, aux bras robustes, qui pare à toute embardée vers Charybde ou vers Scylla. On peut absorber ensemble un poison et son contre-poison ; mais il faut qu'une balance très juste en ait proportionné les doses. Où trouverez-vous donc le principe de rectitude et d'équilibre qui garantira votre intelligence du péril germanique comme du danger britannique ? Vous le trouverez dans l'étude de ceux qui ont gouverné leur raison suivant une voie parfaitement droite, de ceux qui ne lui ont permis de pencher vers aucun excès ; vous le trouverez dans l'étude des classiques de la Science.

Sans relâche, confiez le soin de former votre pensée à ceux qui furent nos précurseurs et nos maîtres. Mathématiciens, mécaniciens, astronomes, lisez Newton et Huygens, Dalembert, Euler, Clairaut, Lagrange, Laplace. Physiciens, lisez Pascal, Newton, Poisson, Ampère, Sadi Carnot, Foucault. Chimistes, étudiez Lavoisier, Gay-Lussac, Berzelius, J.-B. Dumas, Wurtz, Sainte-Claire Deville. Physiologistes, méditez Claude Bernard et Pasteur. Historiens, prenez Fustel de Coulanges pour modèle. Nourrissez votre esprit des œuvres où l'auteur a su faire le juste départ entre l'esprit de finesse et l'esprit de géométrie, où une intuition pénétrante a senti les principes et une déduction rigoureuse conclu les conséquences.

Mais, direz-vous peut-être, la science a bien changé depuis le temps où tous ces grands hommes écrivaient. — La science, oui, mais non pas la manière de la faire ou, du moins, de la bien faire. Ne croyez pas ceux qui vont répétant : Nous raisonnons tout autrement que nos aïeux, et bien mieux. Dans tous les temps, il s'est rencontré des gens présomptueux pour affirmer qu'avant eux, l'esprit humain était dans l'enfance, qu'avec eux seulement, il a quitté les lisières. Doctrine commode au paresseux qu'elle dispense d'étudier les œuvres du passé, au vaniteux impudent qu'elle autorise à donner des vieilleries pour nouveautés ; mais doctrine que fait crouler le moindre regard jeté sur l'histoire des sciences. De Platon jusqu'à nous, elles sont demeurées les mêmes, les facultés dont la raison humaine dispose pour rechercher le vrai ; et si notre esprit perfectionne peu à peu l'art d'étudier tel ou tel sujet, c'est avec une lenteur extrême et suivant un progrès imperceptible.

On vous dira, par exemple, que la véritable méthode des sciences biologiques ne date que d'hier. Prenez, cependant, la mémoire de physiologie où, en 1651, le Dieppois Jean Pecquet (1), par des vivisections et des

(1) JOANNIS PECQUETI DIEPÆI *Experimenta nova anatomica, quibus incognitum hactenus chyli receptaculum, et ab eo per thoracem in ramos usque subclavios vasa lactea deteguntur. Ejusdem Dissertatio anatomica de circulatione sanguinis, et chyli motu.* Hardervici, apud Joannem Tollium. Juxta exemplar Parasiis impressum Anno MDCLI.

expériences soigneusement conduites, mettait en évidence les lois de la circulation lymphatique, et vérifiait les lois de la circulation du sang, que l'Anatomie avait, depuis peu, révélées à William Harvey ; auprès de cet épuscule, placez quelqu'une des belles œuvres de Claude Bernard ; les deux écrits vous sembleront contemporains. Durant les deux siècles qui séparent Bernard de Pecquet, les connaissances du physiologiste se sont singulièrement accrues ; mais l'art de bien raisonner en Physiologie n'a pas changé.

Toutes les fois, donc, que vous voudrez faire progresser une science, d'une allure droite et ferme, mettez-vous à l'école de ceux qui lui ont fait faire ses premiers pas.

Je vous ai dit : Lisez les classiques de la Science. Je ne vous ai pas dit : Lisez les classiques français. Loin de moi, en effet, la pensée de restreindre à notre pays la gloire d'avoir produit les œuvres qui vous doivent servir d'exemples.

Assurément, les hommes qui ont conduit leur raison raison dans une voie parfaitement droite, qui ont maintenu la plus exacte balance entre leurs diverses facultés, ont été, chez nous, plus nombreux qu'en aucun pays du monde ; les étrangers en conviennent volontiers ; volontiers, ils citent cette rectitude et cet équilibre comme les marques propres de l'esprit français ; mais, pour le bien de l'intelligence humaine, Dieu a voulu qu'aucune nation n'eût l'apanage exclusif de ces qualités ; il a voulu que tout peuple sût, avec un juste orgueil, découvrir parmi les siens quelques génies où l'intuition et la déduction se fussent développées avec une égale ampleur et suivant une harmonieuse proportion.

Il fut un temps, d'ailleurs, où tous les hommes d'étude, formés par une discipline semblable, se proposaient les mêmes modèles, que leur fournissait le génie de l'Antiquité; alors ces hommes produisaient des chefs-d'œuvre qui n'étaient ni français, ni italiens, ni anglais, ni allemands, mais simplement humains. Aussi, ces qualités d'esprit que je vous souhaite et que vous rencontrerez au degré suprême chez des Français comme Descartes ou Pascal, vous les retrouverez chez des Italiens comme Galilée ou Torricelli, chez des Anglais comme Newton, chez des Hollandais comme Huygens, chez des Allemands comme Leibniz, chez des Russes comme Euler; et s'il me fallait citer un exemple achevé de clarté, de bon sens, d'ordre et de mesure, je le trouverais chez ce géomètre et ce physicien dont la devise était: *Pauca, sed perfecta*, chez l'Allemand Carl Friedrich Gauss.

Lisez donc les auteurs classiques, tous les auteurs classiques; ils vous rendront ces deux qualités, qui furent longtemps la marque de l'esprit français et que nous avons, hélas, trop complètement délaissées: La clarté et le bon sens.

La clarté! Ai-je assez entendu, dans ma jeunesse, faire de gorges chaudes à ses dépens! Sous l'influence de maîtres aveuglés par le prestige germanique, on en était venu à cette aberration de confondre l'obscurité avec la profondeur. On se gaussait du vers de Boileau:

> Ce qui se conçoit bien s'énonce clairement.

On revendiquait le droit de parler obscurément des choses obscures. Non, mille fois non! On n'a pas le droit de parler d'une chose obscure, si ce n'est pour l'éclaircir. Si votre verbiage ne doit avoir pour effet que de l'embrouiller encore, taisez-vous !

Étudiants français, gardez-vous de ceux qui vous veulent accoutumer à penser dans la nuit. A toujours chasser dans les ténèbres, le hibou a fini par ne plus voir en plein jour. A méditer sans cesse dans les brumes germaniques, certains sont devenus incapables de comprendre ce qui est clair. « Trop de vérité nous étonne, disait Pascal (1) ; j'en sais qui ne peuvent comprendre que qui de quatre ôte quatre, reste zéro. » Fuyez ces hiboux intellectuels qui voudraient, à leur ressemblance, faire de vous des éblouis. Accoutumez vos yeux à regarder en face la splendeur du vrai. En toutes circonstances, soyez, je vous en conjure, les défenseurs intransigeants de la clarté. Lorsque vous rencontrez quelqu'un de ces philosophes, de ces physiciens qui se complaisent dans le brouillard et dans la confusion, ne lui permettez pas de prétendre à la profondeur ; soulevez le masque dont il couvre son ignorance et sa paresse d'esprit ; dites-lui simplement : Mon ami, si vous ne parvenez pas à nous faire entendre ce dont vous parlez, c'est parce que, vous même, vous n'y entendez rien !

Faites-vous les défenseurs de la clarté. Faites-vous, en vous-mêmes et autour de vous, les défenseurs du bon sens.

Le bon sens, vous l'entendrez bien souvent dénigrer et, peut-être, serez-vous tentés de prêter à ces dénigrements une oreille trop complaisante.

On vous dira que le bon sens est ennemi de l'originalité. Ne donnez pas, de grâce, le beau nom d'originalité à ces ridicules que sont l'étrangeté et la bizarrerie.

(1) PASCAL, *Pensées*, art. I

Jadis, à Paris, durant toute une année, j'ai logé dans une petite chambre sous les toits ; de ma fenêtre, par delà beaucoup de cheminées, on voyait la tour de Saint-Jacques du Haut-Pas et le sommet d'un grand arbre à l'ombre duquel Malebranche avait médité.

A l'étage immédiatement inférieur, vivait un ménage de bourgeois aisés. Un petit homme, de soixante-cinq ans environs, grisonnant, propret, dont une attaque d'hémiplégie déjà ancienne rendait la démarche traînante, la main maladroite, l'humeur chagrine et parfois irritable. Sa compagne était un modèle d'activité soigneuse et de perpétuel dévouement ; elle avait pour constante préoccupation d'éviter jusqu'au moindre souci à l'époux que Dieu lui avait confié. On n'eût pu concevoir vie plus simple, plus unie, ni gens qui ressemblassent plus à tout le monde, du moins à ce que tout le monde devrait être. Néanmoins, lorsqu'ils sortaient, toujours ensemble, les passants s'arrêtaient, pour regarder la démarche claudicante du vieillard ; puis, quand celui-ci s'était éloigné, on les entendait murmurer avec vénération : Pasteur ! C'était, en effet, le savant qui venait de couronner sa glorieuse carrière par la découverte de la vaccination anti-rabique.

Nul homme ne fut moins étrange que Pasteur. Lui refuserez-vous l'originalité ?

On viendra vous dire encore : Là où le bon sens règne en maître, il n'y a plus de poësie ! Et quelle accusation pourrait sembler plus grave à vos âmes de vingt ans ?

Laissez, de nouveau, mes souvenirs couler devant vous.

Il n'y a pas bien longtemps, j'allais volontiers, en Provence, rendre visite à un vénérable voisin. Le long des roubines encombrées de roseaux, à l'ombre des rangées de grands cyprès dont les intervalles laissent voir, au loin, les roches de Saint-Rémy, semblables à des sphinx, et les Alpilles aux élégantes découpures, une petite lieue de chemin me conduisait à la porte du beau vieillard. Sa conversation était pour moi un véritable régal. Dans une langue harmonieuse, émaillée d'images justes et sobres, il me parlait des choses et des gens du pays. Il les jugeait toujours avec la plus grande bienveillance, mais aussi avec la plus fine pénétration. Il avait, dans sa vie, conçu d'importants projets ; non point vagues rêves, mais plans mûrement examinés, dont il avait poursuivi l'exécution avec autant d'habileté que de persévérance. Je saluais en lui la perfection du bon sens français, un exemple accompli de l'esprit de finesse.

Dès sa jeunesse, cependant, il s'était adonné à la poësie. Or ses premiers vers avaient arraché ce cri à Lamartine (1) : « Je vais vous raconter aujourd'hui une bonne nouvelle : Un grand poëte épique nous est né ! » Car mon vieux voisin de campagne, si sensé et si fin, c'était le chantre de Mireille et d'Esterelle, de Nerte et de l'Anglore ; c'était le félibre dont la voix, du Ventour au Canigou, faisait vibrer tous les échos des parlers d'oc ; c'était Frédéric Mistral.

Du jour où j'ai connu Frédéric Mistral, j'ai compris le mot d'Horace :

Scribendi recte sapere est et principium et fons.

Le principe et la source de la grande, de l'immortelle poësie, c'est le bon sens.

Afin de recevoir des influences étrangères, de l'influence anglaise comme de l'influence allemande, toutes les impulsions salutaires, mais afin de vous garder, en

(1) LAMARTINE, *Cours familier de Littérature*, Entretien XL, t. VII ; Paris, 1859.

même temps, de toutes les séductions pernicieuses, vous maintiendrez votre raison dans le respect profond, dans la continuelle habitude de ce bons sens et de cette clarté qui furent, chez nous, de tradition. Votre bon sens s'appliquera, en toutes choses, à discerner très sûrement le faux d'avec le vrai ; et quand vous aurez fait ce départ, en toute simplicité, en toute loyauté, en pleine clarté, vous direz au vrai : Oui, tu es ; et au faux : Non, tu n'es pas. *Sit lingua vestra : Est, est*; *non*, *non*. Le divin Maître l'a dit : C'est ainsi qu'il vous faut penser, qu'il vous faut parler, si vous voulez que votre pensée et votre parole soient chrétiennes. Mais quand, au dedans comme au dehors, votre verbe suivra cette règle, il sera franc ; c'est-à-dire que vous penserez, que vous parlerez en Français.

SUPPLÉMENT

Quelques Réflexions sur la Science allemande

Ces RÉFLEXIONS ont été publiées par la REVUE DES DEUX MONDES le 1er février 1915.

I

Jadis, nous avons tenté de décrire le cachet qui, aux théories physiques des Anglais, imprime un caractère si particulier et si saillant ; nous voulons aujourd'hui nous efforcer, d'une manière semblable, à découvrir les marques propres aux doctrines de Mathématique ou de Physique fabriquées en Allemagne.

Un tel essai se doit bien garder de prétendre à des conclusions rigoureuses. Prise en son essence, considérée sous sa forme parfaite, la Science doit être absolument impersonnelle ; puisque aucune découverte n'y porterait la signature de son auteur, rien non plus ne permettrait de dire en quel pays cette découverte a vu le jour.

Mais cette forme parfaite de la Science ne saurait être obtenue, sinon par un très exact départ des méthodes diverses qui concourent à la découverte de la vérité ; des multiples facultés que la raison humaine met en œuvre lorsqu'elle veut savoir plus et savoir mieux, chacune devrait jouer son rôle, sans en rien omettre, sans l'excéder d'aucune façon.

Ce parfait équilibre entre les multiples organes de la raison ne se rencontre en aucun homme. En chacun de nous, telle faculté est plus puissante et telle autre plus faible ; à la conquête de la vérité, celle-ci ne contribuera pas autant qu'il le faudrait et celle-là prendra plus que sa part ; la science produite par ce travail mal partagé ne présentera pas les harmonieuses proportions de son idéal exemplaire ; au défaut de développement de certaines parties correspondra la croissance excessive de certaines autres ; c'est à ces difformités seules qu'on pourra reconnaître la tournure d'esprit de l'auteur.

Ce sont elles aussi qui, fréquemment, permettront de nommer le peuple qui a produit telle doctrine.

Du type idéal du corps humain, le corps de chacun des hommes s'écarte par les proportions exagérées de tel organe, par l'amoindrissement de tel autre ; ces sortes de monstruosités atténuées qui nous distinguent les uns des autres sont aussi celles qui caractérisent physiquement les diverses nations ; tel excès ou tel arrêt de développement est particulièrement fréquent chez tel ou tel peuple.

Ce qu'on dit du corps se peut répéter de l'esprit ; dire qu'un peuple a son esprit particulier, c'est dire que, très fréquemment, dans la raison de ceux qui forment ce peuple, telle faculté s'est développée plus qu'il ne conviendrait, que telle autre faculté n'a point toute son ampleur et toute sa force.

De là se tirent aussitôt deux conclusions.

En premier lieu, les jugements qui portent sur la forme intellectuelle d'un peuple pourront être fréquemment vérifiés ; ils ne seront jamais universels. Tous les Anglais n'ont pas le type anglais ; à plus forte raison, les théories conçues par des Anglais ne présenteront pas toutes les caractères de la science anglaise ; il s'en rencontrera qu'on pourrait aussi bien prendre pour œuvres françaises ou allemandes ; en revanche, il se trouvera en France des intelligences qui pensent à la mode anglaise.

En second lieu, si le caractère national d'un auteur se perçoit dans les doctrines qu'il a créées ou développées, c'est que ce caractère a modelé ce par quoi ces doctrines s'écartent de leur type parfait ; c'est par ses défauts, et par ses défauts seuls, que la Science, s'éloignant de son idéal, devient la science de tel ou tel peuple. On peut donc s'attendre à ce que les marques du génie propre à chaque nation soient particulièrement saillantes dans les œuvres de second ordre, produites par des penseurs médiocres ; bien souvent, les grands maîtres possèdent une raison où toutes les facultés sont si harmonieusement proportionnées que leurs doctrines très parfaites sont exemptes de tout caractère individuel comme de tout caractère national ; on ne trouve aucune trace de l'esprit anglais dans l'œuvre de Newton, aucune de l'esprit allemand dans l'œuvre de Gauss ou dans celle de Helmholtz ; en de telles œuvres, on ne devine plus le génie de tel ou tel peuple, mais seulement le génie de l'Humanité.

II

« Les principes se sentent, les propositions se concluent, » a dit Pascal, qu'il faut toujours citer lorsqu'on prétend parler de la méthode scientifique. En toute science qui a revêtu la forme qu'on nomme rationnelle, la forme que, mieux encore, on appellerait mathématique, il faut, en effet, distinguer deux tactiques, celle qui conquiert les principes, celle qui parvient aux conclusions.

La méthode qui, des principes, aboutit aux conclusions, c'est la méthode déductive suivie avec la plus rigoureuse exactitude.

La méthode qui conduit à formuler les principes est beaucoup plus complexe et difficile à définir.

S'agit-il d'une science purement mathématique ? L'expérience commune est la matière d'où l'induction tire les axiomes ; de ces propositions universelles, la déduction fera sortir toutes les vérités qu'elles renferment. Or le choix des axiomes est une opération d'extrême délicatesse. Il faut qu'ils suffisent à justifier toutes les propositions de la science qu'on en veut extraire ; il ne faut pas que la chaîne des raisonnements voie, tout à coup, sa continuité brisée et sa rigueur compromise parce qu'un principe nécessaire à son progrès serait demeuré inclus dans les données de l'expérience et n'aurait pas encore été formulé d'une manière explicite. Il faut également que les principes ne soient pas surabondants, qu'on ne donne pas pour axiome un simple corollaire d'autres axiomes. Qu'on suive, des *Éléments* d'Euclide aux œuvres de M. Hilbert, l'histoire des axiomes de la Géométrie ; on verra combien le choix des principes d'une science mathématique est besogne minutieuse et compliquée.

Plus complexe encore est le choix des hypothèses sur lesquelles reposera tout l'édifice d'une doctrine appartenant à la science expérimentale, d'une théorie de Mécanique ou de Physique.

Ici, la matière qui doit fournir les principes, ce n'est plus l'expérience commune, celle que tout homme pratique spontanément dès qu'il est sorti de l'enfance ; c'est l'expérience scientifique. Aux sciences mathématiques, l'expérience commune fournit des données autonomes, rigoureuses, définitives. Les données de l'expérience scientifique ne sont qu'approchées ; le perfectionnement continuel des instruments les retouche et les modifie sans cesse, tandis que le hasard heureux des découvertes, chaque jour, de quelque fait nouveau en vient grossir le trésor ; enfin, bien loin d'être autonomes, d'être intelligibles immédiatement et par elles-mêmes, les propositions qui formulent le résultat d'une expérience de Physique ou de Chimie ne prennent de sens que si les théories admises en fournissent la traduction.

De cet inextricable lacis où s'enchevêtrent les données d'une sensation, secondée par des instruments de plus en plus compliqués, avec les interprétations fournies par des théories variables et sujettes à caution, parfois par la théorie même qu'il se propose de modifier, le physicien doit extraire ses principes ; il doit, à l'inspection de ce mélange confus, deviner les propositions générales dont la déduction fera sortir des conclusions conformes aux faits.

Pour accomplir une telle œuvre, il ne trouverait dans la méthode déductive qu'une auxiliaire trop rigide et trop peu pénétrante ; il lui faut un moyen plus souple et plus délié ; plus encore que le mathématicien, le physicien, pour choisir ses axiomes, aura besoin d'une faculté distincte de l'esprit géométrique ; il lui faudra faire appel à l'esprit de finesse.

III

L'esprit de finesse et l'esprit géométrique ne marchent pas à la même allure.

Le progrès de l'esprit géométrique obéit à des règles inflexibles qui lui sont imposées par ailleurs. Chacune des propositions qu'il déroule les unes à la suite des autres a sa place marquée d'avance par une loi nécessaire. Se soustraire, si peu que ce soit, à cette loi, passer d'un jugement à un autre en sautant quelque intermédiaire requis par la méthode déductive, c'est, pour cet esprit, perdre sa force, qui est toute faite de rigueur. Le mot : *enchaînement* vient aux lèvres aussitôt qu'on veut définir l'ordre dans lequel se succèdent ses syllogismes : à ses raisonnements, en effet, la chaîne qui les relie ne laisse aucune liberté.

Si l'esprit géométrique doit à la rigueur de sa démarche toute la force de ses déductions, la pénétration de l'esprit de finesse tient tout entière à la souplesse primesautière avec laquelle il se meut. Aucun précepte immuable ne détermine le chemin que suivront ses libres tentatives. Tantôt on le voit, d'un bond audacieux, franchir l'abîme qui sépare deux propositions. Tantôt il se glisse et s'insinue entre les objections multiples qui défendent l'abord d'une vérité. Non qu'il procède sans ordre ; mais l'ordre qu'il suit, il se le prescrit à lui-même ; il le modifie sans cesse au gré des circonstances et des occasions, en sorte qu'aucune définition précise n'en saurait fixer les sinuosités et les sauts imprévus.

La démarche de l'esprit géométrique évoque l'idée d'une armée qui défile pour une revue ; les régiments divers sont alignés avec une impeccable régularité ; chaque homme tient exactement le rang que lui attribue une consigne sévère ; il s'y sent maintenu par une discipline de fer.

Le progrès de l'esprit de finesse rappelle plutôt celui de tirailleurs lancés à l'assaut d'une position difficile ; tantôt il a la soudaineté d'un bond, tantôt il se glisse en rampant parmi les obstacles qui hérissent la pente ; là aussi, chaque soldat obéit à un ordre ; mais de cet ordre, rien n'est explicitement formulé, si ce n'est le but à conquérir ; la libre interprétation qu'en donne chacun des assaillants doit, de la façon qui lui paraît la plus favorable, faire tendre les mouvements divers à la fin prescrite.

Cette comparaison entre l'allure de l'esprit de finesse et l'allure de l'esprit géométrique ne nous laisse-t-elle pas déjà deviner le caractère propre de la science allemande, celui qui la distinguera, en particulier, de la science française ? La science sera sans doute, chez le plus grand nombre des Français qui la cultivent, marquée par un usage excessif de l'esprit de finesse ; non content du rôle qui lui est dévolu, impatient des pesantes lenteurs de l'esprit géométrique, l'esprit de finesse empiétera, parfois, sur les attributions de ce dernier. Sans doute aussi devons-nous nous attendre à voir la science allemande manquer souvent d'esprit de finesse, et concéder à l'esprit géométrique ce qui n'est point, pour lui, possession légitime.

Jetons les yeux sur quelques-unes des œuvres qui ont fait le renom de la science allemande, et voyons si la prédominance de l'esprit géométrique sur l'esprit de finesse ne s'y laisse point aisément reconnaître.

IV

L'esprit géométrique pourrait mieux encore s'appeler esprit algébrique. Il n'est pas de science, en effet, où la méthode déductive ait plus de part que cette vaste généralisation de l'Arithmétique à laquelle on a donné le nom d'Algèbre ou d'Analyse. Les axiomes sur lesquels elle repose consistent en un très petit nombre de propositions fort simples touchant les nombres entiers et leur addition. L'esprit de finesse n'a point eu grand effort à faire pour les dégager de l'expérience la plus vulgaire.

De ces axiomes, c'est par la suite de syllogismes la plus rigoureuse qui se puisse concevoir que se tirent les innombrables vérités dont est faite la science algébrique.

La faculté de suivre sans défaillance, au cours de raisonnements longs et compliqués, les règles les plus minutieuses de la Logique n'est pas, cependant, la seule qui entre en jeu pour construire l'Algèbre; une autre faculté prend, à cette œuvre, une part essentielle; c'est celle par laquelle le mathématicien, mis en présence d'une expression algébrique très complexe, aperçoit aisément les diverses transformations, permises par les règles du calcul, qu'il lui peut faire subir et, par là, parvient aux formules qu'il voulait découvrir; cette faculté, très analogue à celle du joueur d'échecs qui prépare un coup savant, n'est point puissance de raisonner, mais aptitude à combiner.

Parmi les mathématiciens allemands, il en est, sans doute, qui ont possédé à un haut degré cette aptitude à combiner les opérations du calcul algébrique; mais ce n'est pas par là que les analystes d'outre-Rhin ont excellé; on trouverait plus aisément en France, et surtout en Angleterre, les grands maîtres de cet art; tels un Hermite, un Cayley, un Sylvester. C'est par sa puissance à déduire avec la plus extrême rigueur, à suivre, sans la moindre défaillance, les chaînes de raisonnements les plus longues et les plus compliquées, que l'Algèbre allemande a marqué sa supériorité; c'est par cette puissance qu'un Weierstrass, un Kronecker, un Georg Cantor ont montré la force de leur esprit géométrique.

Par cette absolue soumission de leur esprit géométrique aux règles de la Logique déductive, les mathématiciens allemands ont fort utilement contribué à la perfection de l'Analyse. Trop volontiers, les algébristes qui, avant eux, avaient brillé chez d'autres peuples, s'étaient, plus que de juste, fiés aux intuitions de l'esprit de finesse ; aussi leur était-il souvent arrivé de formuler comme démontrées des vérités qui n'étaient que devinées ; parfois même des propositions avaient été, à la hâte, données comme exactes, alors qu'elles ne l'étaient pas ; la Science germanique a grandement contribué à débarrasser le champ de l'Algèbre de tout paralogisme.

N'en citons qu'un exemple entre mille. Par une intuition trop prompte et trop sommaire, l'esprit de finesse avait cru reconnaître que toute fonction continue admet une dérivée ; pressant plus que de juste l'esprit géométrique, il avait fait accepter à celui-ci d'apparentes démonstrations de cette proposition ; en formant des fonctions continues qui n'ont jamais de dérivées, Weierstrass a montré combien, au cours d'une déduction algébrique, pouvait être dangereux l'abandon momentané de la rigueur.

L'extrême rigueur de l'esprit géométrique a donc, pour les progrès de l'Algèbre, de très grands avantages ; elle présente aussi de très graves inconvénients. Soucieuse à l'excès d'éviter ou de résoudre des objections qui ne sont que vétilles, elle embarrasse la Science de discussions oiseuses et fastidieuses. Elle étouffe l'esprit d'invention ; en effet, avant de forger la chaîne, aux maillons éprouvés, qui doit, aux principes, rattacher une vérité nouvelle, il faut bien, tout d'abord, avoir aperçu cette vérité ; cette intuition qui, en toute découverte mathématique, précède la démonstration, elle est apanage de l'esprit de finesse ; l'esprit géométrique ne la connaît point et, au nom de la rigueur, il lui dénie volontiers le droit de s'exercer. Inquiets des dangers que fait courir, à la puissance d'inventer, l'usage trop exclusif de l'esprit géométrique, certains géomètres, tel M. Félix Klein, se sont rencontrés, même en Allemagne, pour revendiquer, dans le domaine de la méthode algébrique, la place des intuitions propres à l'esprit de finesse.

V

L'Algèbre assujettit la raison à cette discipline de fer que sont les lois du syllogisme et les règles du calcul ; nulle science n'est donc mieux adaptée à l'esprit allemand, fier de sa rigueur géométrique, mais dépourvu de finesse. Aussi l'Allemand s'est-il efforcé de donner à toute science une forme qui, le plus possible, rappelât celle de l'Algèbre. Par exemple, entre ses mains, la Géométrie s'est trouvée réduite à n'être qu'une branche de l'Analyse.

Déjà, par l'invention de la Géométrie analytique, Descartes avait ramené l'étude des figures tracées dans l'espace à la discussion des équations algébriques. A chaque point de l'espace, il nous avait appris à faire correspondre trois nombres, les *coordonnées* de ce point ; pour que le point se trouve sur une certaine surface, il faut et il suffit que ses trois coordonnées vérifient une certaine équation ; tout renseignement sur les propriétés algébriques de l'équation est, tout aussitôt, un renseignement sur les propriétés géométriques de la surface, et inversement ; celui donc qui est plus apte à combiner les formules qu'à considérer les assemblages de lignes et de surfaces, va se trouver grand géomètre par cela seul qu'il est algébriste habile.

Toutefois, même après l'œuvre de Descartes, la réduction de la Géométrie à l'Algèbre n'était pas absolue. Pour attribuer trois coordonnées à un point de l'espace, il fallait encore faire appel à quelques propositions géométriques, aux théorèmes les plus élémentaires sur les droites et sur les plans parallèles ; si simples que fussent ces propositions, elles impliquaient adhésion à tous les axiomes dont Euclide, au début des *Eléments*, réclame l'acceptation ; or pour certains, dont l'esprit géométrique souffre du moindre défaut de rigueur, cette adhésion aux axiomes d'Euclide est sujet de scandale.

Les axiomes qu'une science de raisonnement demande qu'on lui concède ne doivent pas seulement s'accorder entre eux sans l'ombre d'une contradiction ; ils doivent encore être aussi peu nombreux que possible ; partant, ils doivent être indépendants les uns des autres ; si l'un d'entre eux, en effet, se pouvait démontrer à l'aide des autres, il devrait être rayé du nombre des axiomes et relégué parmi les théorèmes.

Or les axiomes d'Euclide sont-ils vraiment indépendants les uns des autres ? C'est une question qui a, de bonne heure, inquiété les géomètres. Parmi ces axiomes, il en est un, celui sur lequel repose la théorie des droites parallèles, où beaucoup ont cru reconnaître un simple corollaire des autres demandes formulées par le géomètre grec : aussi a-t-on vu foisonner les tentatives de démonstration du postulatum d'Euclide ; mais toujours, en chacune de ces tentatives, une critique un peu perspicace a découvert un cercle vicieux.

Plus ingénieusement, la question fut prise d'un autre biais par Gauss, par Bolyai, par Lobatchewski. Ces mathématiciens s'attachèrent à dérouler la suite des propositions qu'on peut établir en admettant tous les axiomes formulés par Euclide, sauf le postulat de la théorie des parallèles ; si, pensaient-ils, il est permis de poursuivre à l'infini la série des conséquences de ces axiomes-là, sans supposer la vérité du litigieux postulat et sans jamais, cependant, achopper à une contradiction, c'est donc que l'adoption de ces principes ne requiert pas, d'une manière nécessaire, la vérité de celui qui porte la théorie des parallèles. Henri Poincaré a montré tout le bien fondé de cette pensée conçue par Gauss, par Bolyai et par Lobatchewski ; il a fait voir que si la Géométrie non-euclidienne construite par ces mathématiciens pouvait jamais aboutir à deux propositions contradictoires entre elles, c'est que la Géométrie euclidienne, elle aussi, fournirait deux théorèmes incompatibles.

Reconnaître si tous les axiomes d'Euclide sont vraiment indépendants les uns des autres, c'est une question qui ressortissait à l'esprit géométrique ; et avec Gauss, Bolyai, Lobatchewski, avec leurs successeurs, l'esprit géométrique l'a pleinement résolue. Mais décider si le postulatum d'Euclide est véritable, c'est une question à laquelle l'esprit géométrique, abandonné à lui-même, ne saurait donner de réponse ; il lui faut, ici, le secours de l'esprit de finesse.

La vérité de la Géométrie ne consiste pas simplement dans l'indépendance absolue des axiomes les uns à l'égard des autres, dans la rigueur impeccable avec laquelle les théorèmes se déduisent des axiomes ; elle consiste aussi et surtout dans l'accord entre les propositions qui forment cette chaîne logique et les connaissances données à notre raison, touchant l'espace et les figures qu'on y peut tracer, par cette longue expérience qu'on appelle le sens commun ; il appartient à l'esprit géométrique de vérifier l'exactitude de la déduction par laquelle toutes ces propositions se tirent les unes des autres ; mais il n'a aucun moyen de reconnaître si elles sont ou non conformes à ce que nous savons, avant toute Géométrie, sur les figures planes ou solides ; cette dernière besogne, c'est à l'esprit de finesse qu'elle est à tâche.

Or une des premières vérités, antérieures à toute Géométrie, que nous puissions formuler au sujet de l'espace, c'est que celui-ci a trois dimensions. Quand l'esprit de finesse analyse cette proposition pour saisir ce qu'entend exactement celui qui la formule, découvre-t-il qu'elle ait ce sens : A chaque point de l'espace correspondent trois nombres qui sont ses coordonnées ? Point du tout. Ce qu'il trouve, c'est qu'en attribuant trois dimensions à l'espace, l'homme qui n'est pas mathématicien prétend dire ceci : Tout corps a longueur, largeur et hauteur. Et s'il presse cette affirmation, l'esprit de finesse reconnaît qu'elle équivaut à cette autre : Tout corps peut être exactement contenu dans une boîte, de grandeur bien déterminée, dont la figure est celle que le géomètre nommera parallélipipède rectangle. L'esprit de géométrie vient alors pour démontrer que les propositions relatives au parallélipipède rectangle, jugées véritables par l'esprit de finesse, impliquent le célèbre postulatum d'Euclide.

En fouillant dans le trésor de vérités relatives aux grandeurs et aux figures qu'amassa l'expérience la plus vulgaire, l'esprit de finesse rencontre encore ces propositions : On peut, par le dessin, représenter une figure plane, par la sculpture une figure solide, et l'image peut ressembler parfaitement au modèle, bien qu'elle ait une autre grandeur que lui. C'est une vérité dont ne doutaient aucunement, aux temps paléolithiques. les chasseurs de rennes des bords de la Vézère. Or que des figures puissent être semblables sans être égales, cela suppose, l'esprit géométrique le démontre, l'exactitude du postulatum d'Euclide.

Reconnaître ainsi la très large part qui revient à l'esprit de finesse dans le contrôle des axiomes de la Géométrie, cela ne saurait être du goût de la science allemande ; celle-ci fera bon marché de l'accord entre les propositions de la Géométrie et les connaissances tirées du sens commun, puisque cet accord ne saurait être constaté par l'esprit géométrique ; la vérité de la Géométrie, elle la fera consister exclusivement dans la rigueur du raisonnement déductif par lequel les théorèmes dérivent des axiomes ; et, pour ne pas être exposée à compromettre cette rigueur en empruntant quelque renseignement à l'expérience sensible, elle réduira la Géométrie à n'être absolument qu'un problème d'Algèbre.

Pour elle, un point, ce sera, *par définition,* l'ensemble de trois nombres ; qu'en un tel ensemble, les valeurs des trois nombres varient d'une manière continue, et l'on dira que le point engendre un espace ; la distance de deux points, ce sera, *par définition*, une certaine expression algébrique où figurent les trois nombres d'un premier ensemble et les trois nombres d'un second ensemble ; sans doute, cette expression algébrique ne sera pas prise absolument au hasard ; on la choisira de telle manière que quelques-unes de ses propriétés algébriques s'expriment par des phrases analogues à celles qui énoncent certaines propriétés géométriques attribuées par le sens commun à la distance de deux points ; mais ces propriétés, on veillera à ce qu'elles soient aussi peu nombreuses que possible, de peur que l'esprit de finesse n'y trouve prétexte à pénétrer dans le domaine de la science qu'on veut construire ; alors on développera des calculs algébriques qu'on appellera Géométrie.

Peut-être les connaissances intuitives que la raison nous fournit touchant les figures planes et les corps trouveraient-elles encore moyen de s'insinuer entre les mailles du filet déductif que tisse cette Algèbre. Contre cette intuition redoutée, une nouvelle précaution sera prise. Elle ne connaît point d'espace qui n'ait deux ou trois dimensions ; énoncer des propositions où il serait parlé d'un espace à plus de trois dimensions, ce serait prononcer des mots qui n'ont, pour elle, aucun sens. Ce sont précisément de telles propositions qu'on aura constamment soin de formuler. Ce qu'on nommera point, ce ne sera pas, comme nous l'avons supposé, un ensemble de trois nombres, mais un ensemble de n nombres ; on ne fixera pas la valeur du nombre entier que représente la lettre n ; cette valeur pourra être supérieure à trois, elle pourra être aussi grande qu'on voudra ; cet ensemble de n nombres, c'est, dira-t-on, un point dans un espace à n dimensions.

Ainsi s'y est pris le génie si puissamment géométrique de Bernhard Riemann pour écrire un chapitre de profonde Algèbre auquel il a donné ce titre : *Sur les hypothèses qui servent de fondements à la Géométrie* (*Ueber die Hypothesen welche der Geometrie zu Grunde liegen*).

Nous avons dit avec quel soin minutieux la connaissance intuitive des lignes et des surfaces avait été tenue à l'écart de la composition de cette doctrine. Est-il étonnant que les corollaires auxquels cette Algèbre aboutit, et qu'elle énonce avec des mots empruntés à la Géométrie, heurtent de front les propositions que la connaissance intuitive de l'espace regarde comme les plus certaines ? Qu'elle affirme, par exemple, la rencontre à distance finie de deux droites quelconques d'un même plan, qu'elle nie l'existence même des parallèles ?

La doctrine de Riemann est une *Algèbre rigoureuse*, car tous les théorèmes qu'elle formule sont très exactement déduits des postulats qu'elle énonce ; elle satisfait donc l'esprit géométrique. Elle n'est pas une *Géométrie vraie*, car, en posant ses postulats, elle ne s'est pas souciée que leurs corollaires s'accordassent en tout point avec les jugements, tirés de l'expérience, qui composent notre connaissance intuitive de l'espace ; aussi révolte-t-elle le sens commun.

VI

Le Mémoire de Riemann sur les fondements de la Géométrie est une des œuvres les plus justement célèbres de la science allemande ; il nous paraît un remarquable exemple du procédé par lequel l'esprit géométrique des Allemands transforme toute doctrine en une sorte d'Algèbre.

Aux deux méthodes à l'aide desquelles progresse toute science de raisonnement, cet esprit fait des parts extrêmement inégales ; il développe avec autant d'ampleur que de minutie la déduction par laquelle les corollaires se tirent des principes ; il supprime ou réduit à la plus mince place l'ensemble d'inductions, de divinations par lesquelles l'esprit de finesse a su, des données de l'expérience, dégager les principes.

Les hypothèses sur lesquelles repose une théorie

quelconque de Mécanique ou de Physique mathématique sont fruits dont la maturité a été longuement préparée ; données de l'observation commune, résultats de l'expérience scientifique que secondent des instruments, théories anciennes maintenant oubliées ou rejetées, systèmes métaphysiques, croyances religieuses même y ont contribué ; leurs actions se sont croisées, leurs influences se sont mêlées d'une manière si complexe qu'il faut une grande finesse d'esprit, soutenue par une connaissance approfondie de l'histoire, pour démêler les directions essentielles de la voie qui a conduit la raison humaine à la claire aperception d'un principe de Physique.

Or, parcourons quelques-unes des leçons, d'une si savante Algèbre, où Gustav Kirchhoff a exposé les diverses doctrines de la Physique mathématique. De cette élaboration, longue et compliquée, qui a précédé l'adoption des principes, nous ne trouvons aucune trace ; chaque hypothèse est présentée *ex abrupto*, sous l'aspect très abstrait et très général qu'elle a pris après bien des évolutions et des transformations, sans qu'aucun mot nous en fasse soupçonner l'indispensable préparation. Un Français qui avait été, à Berlin, l'auditeur de Kirchhoff me répétait naguère la formule par laquelle le professeur allemand avait accoutumé de présenter chaque principe nouveau : « Nous pouvons et nous voulons poser... *Wir konnen und wollen setzen...* » Pourvu qu'aucune contradiction n'interdise au logicien pur la supposition que nous allons faire, nous l'imposons comme un décret de notre libre arbitre. Cet acte de volonté, ce choix du bon plaisir se substitue, pour ainsi dire, purement et simplement, à toute l'œuvre qu'au cours des âges, a dû parfaire l'esprit de finesse ; il ne laisse plus rien subsister dans la science, sinon ce qui se soumet à la rude discipline de l'esprit géométrique; une théorie de Physique n'est plus, à partir de postulats librement formulés, qu'une suite de déductions algébriques.

Kirchhoff n'est pas seul à traiter de la sorte la Mécanique et la Physique ; ceux qui ont suivi ses leçons imitent sa méthode ; se peut-il imaginer, par exemple, algébrisme plus absolu que celui dont s'inspire Heinrich Hertz lorsqu'il prétend construire la Mécanique ? La disposition, à un instant donné, des divers corps dont se compose le système étudié est connu lorsqu'on connaît les valeurs prises par un certain nombre n de grandeurs : de peur que l'intuition expérimentale ne vienne à nous suggérer quelque propriété de ce système mécanique, perdons bien vite de vue, oublions les corps qui le forment, dépistons l'intuition, et ne considérons plus qu'un point dont les coordonnées, dans un espace à n dimensions, seront précisément ces n valeurs. Ce point, qui n'est lui-même qu'une expression algébrique, qu'un mot à consonance géométrique pris pour désigner un ensemble de n nombres, convenons qu'il change, d'un instant à l'autre, de telle sorte qu'une certaine grandeur, représentée par une formule algébrique, soit minimum. De cette convention, si parfaitement algébrique de nature, si pleinement arbitraire d'aspect, déduisons, avec une parfaite rigueur, les conséquences que le calcul en peut tirer, et nous dirons que nous exposons la Mécanique.

Sans doute, le postulat formulé par Hertz n'est point aussi arbitraire qu'il le paraît. Il a été disposé de telle manière que son énoncé algébrique résumât et condensât tout ce que, de Jean Buridan à Galilée et à Descartes, de ceux-ci à Lagrange et à Gauss, les intuitions, les expériences, les discussions avaient découvert aux mécaniciens touchant la loi de l'inertie, touchant les liaisons par lesquelles les corps se gênent les uns les autres dans leurs mouvements. Mais de toute cette élaboration préalable, Heinrich Hertz, dans l'exposé si absolument précis et rigoureux qu'il nous donne de la Mécanique, ne conserve plus le moindre souvenir ; il en fait complète et systématique abstraction, afin que le principe fondamental de la science prenne la forme impérieuse d'un décret porté par un algébriste librement autoritaire : *Sic volo, sic jubeo, sit pro ratione voluntas.*

Une telle manière de procéder peut d'ailleurs, dans certains cas, produire de très heureuses conséquences. A force de démêler avec patience l'écheveau complexe des opérations qui ont lentement produit une hypothèse de Physique, l'esprit de finesse s'abuse parfois sur le rôle qu'il a joué ; il en vient à s'imaginer qu'il a fait œuvre d'esprit géométrique ; la suite des considérations, aux transitions délicatement ménagées, par lesquelles il a, peu à peu, préparé l'esprit à recevoir une proposition, il la prend à tort pour une démonstration catégorique de cette proposition. Dans cette piperie, notre Physique française a trop souvent et trop longtemps donné. Il importe de mettre la raison en garde contre cette méprise ; de ne pas lui laisser croire qu'un principe de Physique est démontré par cela seul qu'on l'a rendu séduisant ; il est bon de lui rappeler que, du point de vue de la Logique déductive, les hypothèses de Physique se montrent sous l'aspect de propositions qu'aucun raisonnement n'impose ; que le savant les formule comme bon lui semble, conduit seulement par l'espoir d'en tirer des corollaires conformes aux données de l'expérience; qu'il les propose à notre acceptation parce que la condensation d'une multitude de lois expérimentales et un petit nombre de postulats théoriques lui semble, selon le mot d'Ernst Mach, une heureuse économie de la pensée. A cette besogne, le pur algébrisme des théories allemandes est merveilleusement apte.

Mais qu'est-ce à dire ? Simplement qu'un exposé de la Physique où l'esprit de finesse avait exagéré sa puissance est corrigé par un autre exposé d'où l'esprit de finesse a été chassé avec trop de brutalité ; en d'autres termes, qu'un excès trouve souvent son remède dans l'excès contraire ; chacun d'eux n'en est pas moins un excès. La belladone et la digitale neutralisent les effets l'une de l'autre ; ce sont cependant, deux plantes empoisonnées.

VII

A poser les hypothèses d'une théorie de Mécanique ou de Physique sans aucun souci des considérations par lesquelles l'esprit de finesse leur pourrait préparer notre adhésion, on risque de donner dans un grand travers ; on s'expose à produire des doctrines qui choquent les enseignements universellement reçus du sens commun.

La science allemande fait bon marché des exigences du sens commun ; il ne lui déplaît pas de les heurter de front ; la doctrine géométrique de Bernhard Riemann nous a déjà permis de le reconnaître. A la base des systèmes qu'elle construit avec un appareil si minutieusement agencé, la pensée germanique, parfois, semble prendre un malin plaisir à poser quelque affirmation qui, pour l'esprit de finesse, soit occasion de scandale, dût même cette affirmation contredire aux principes les plus assurés de la Logique. Au nombre des axiomes, mettre une proposition formellement contradictoire, puis, d'un tel principe, par une suite de syllogismes très concluants, tirer tout un ensemble de corollaires, quel délicieux exercice pour un esprit géométrique qui fait fi de l'esprit de finesse et du bon sens !

Cette gageure, il s'est trouvé de bonne heure, en Allemagne, des hommes pour la tenir.

Avant que le xve siècle eût atteint le milieu de sa course, le premier penseur original qu'ait compté la raison allemande, Nicolas de Cues, écrivait son traité : *De docta ignorantia*. Pour servir de base à l'édifice philosophique qu'il allait élever, le « Cardinal allemand » posait cette affirmation, dont le caractère contradictoire saute aux yeux : En tout ordre de choses, le maximum est identique au minimum. Puis, sur cette assise, la méthode déductive lui permettait de construire toute une Métaphysique.

Le xixe siècle a vu se produire, en Allemagne, une tentative non moins étrange que celle de Nicolas de Cues. Hegel a fait reposer tout son système philosophique sur l'affirmation de l'identité des contraires ; et le grand succès que connut l'Hégélianisme dans les universités d'outre-Rhin marque à quel point l'esprit géométrique des Allemands, bien loin d'être choqué par ce défi au sens commun, prenait plaisir à ce tour de force de la méthode purement déductive.

Un être dont la nature consiste à se sentir dominé par une discipline de fer trouve son bonheur à obéir, sans discuter l'ordre auquel il obéit ; plus cet ordre est étrange, révoltant même, plus l'obéissance est, pour lui, joyeuse ; ainsi s'explique l'allègre soumission avec laquelle l'esprit géométrique d'un Nicolas de Cues ou d'un Hegel déroule les conséquences d'un principe absurde. Les métaphysiciens, d'ailleurs, n'ont pas été seuls, en Allemagne, à donner l'exemple de cette soumission intellectuelle qui nous déconcerte. On a vu des mathématiciens dévider des Géométries complètes où quelqu'un des axiomes les moins discutables qu'Euclide eût formulés se trouvait remplacé par sa contradictoire; et les auteurs de ces déductions semblaient y prendre un plaisir d'autant plus vif que les conclusions en étaient plus inconcevables, plus saugrenues au jugement du bon vieux sens commun.

C'est cependant d'une Géométrie conforme à ce bon vieux sens commun qu'usent ces mathématiciens toutes les fois qu'il leur arrive, dans la pratique de chaque jour, de mesurer quelque corps ou de tracer quelque figure.

Semblable inconséquence n'est point rare là où l'esprit géométrique prétend se passer du concours de l'esprit de finesse. Isolé du sens commun, l'esprit géométrique peut bien raisonner et déduire sans fin ; mais il est incapable de diriger l'action et d'assurer la vie; c'est le sens commun qui règne en maître dans le domaine des faits ; entre ce sens commun et la science discursive, c'est l'esprit de finesse qui établit une perpétuelle circulation de vérités, qui extrait du sens commun les principes d'où la science déduira ses conclusions, qui reprend parmi ces conclusions tout ce qui peut accroître et perfectionner le sens commun.

La science allemande ne connaît pas ce continuel échange. Soumise à la discipline rigoureuse de la méthode purement déductive, la théorie poursuit sa marche régulière sans aucun souci du sens commun.

Le sens commun, d'autre part, continue de diriger l'action, sans que la théorie en vienne, d'aucune façon, aiguiser la forme primitive et grossière.

Cette absence de toute compénétration entre la science et la vie, ne la met-il pas dans une évidence toute crue, ce philosophe idéaliste ? Dans sa chaire d'Université, il dénie toute réalité au monde extérieur, parce que son esprit géométrique n'a pas rencontré cette réalité au bout d'un syllogisme concluant. Une heure après, à la brasserie, il trouve une satisfaction pleinement assurée dans ces pesantes réalités que sont sa choucroute, sa bière et sa pipe.

Chez les Allemands, purs géomètres privés d'esprit de finesse, la vie ne guide point la science, la science n'éclaire pas la vie. Aussi, dans sa magnifique étude sur *L'Allemagne et la guerre*, M. Émile Boutroux pouvait-il écrire :

« Leur science, affaire de spécialistes et d'érudits, n'a pu pénétrer leur âme et influer sur leur caractère... A part, certes, de notables exceptions, considérez à la brasserie, dans les relations de la vie ordinaire, dans ses divertissements, ce savant professeur, qui excelle à découvrir et à rassembler tous les matériaux d'une étude et à en faire sortir, par des opérations mécaniques, et sans le moindre appel au jugement et au bon sens vulgaire, des solutions appuyées toutes sur des textes et sur des raisonnements. Quelle disproportion, souvent, entre sa science et son degré d'éducation ! Quelle vulgarité de goûts, de sentiments, de langage, quelle brutalité de procédés chez cet homme, dont l'autorité est inviolable dans sa spécialité !... Le savant et l'homme, chez l'Allemand, ne sont que trop souvent étrangers l'un à l'autre. »

Il en est de la science allemande comme du savant allemand. L'absence d'esprit de finesse y laisse béer un abîme entre le développement des idées et l'observation des faits ; les idées se déduisent les unes des autres, fières de contredire au sens commun auquel elles n'ont rien emprunté ; le sens commun manipule les réalités et constate les faits par ses propres moyens, sans souci d'une théorie qui l'ignore ou le choque ; tel est le spectacle que, bien souvent, nous présente aujourd'hui la Physique d'outre-Rhin.

VIII

De cette incohérente dualité, les théories allemandes des phénomènes électriques nous fourniront des exemples.

Il est, en Physique mathématique, une doctrine particulièrement difficile et compliquée ; c'est la théorie de l'électricité et du magnétisme. Le génie des Poisson et des Ampère en avait mis les principes dans une clarté toute française ; l'œuvre de ces grands hommes avait, avant le milieu du XIXe siècle, servi de guide aux travaux que les plus illustres physiciens allemands, les Gauss, les Wilhelm Weber, les Franz Neumann, avaient accomplis pour la compléter ; tous ces efforts, inspirés par l'esprit de finesse en même temps que disciplinés par l'esprit géométrique, avaient édifié l'une des doctrines de Physique les plus puissantes et les plus harmonieuses qu'on eût jamais admirées. Depuis quelques années, cette doctrine s'est vue bouleverser de fond en comble par l'esprit exclusivement géométrique des Allemands.

Le point de départ de ce bouleversement ne réside pas en Allemagne ; il le faut chercher en Écosse.

Le physicien écossais James Clerk Maxwell était comme hanté par deux intuitions.

En premier lieu, les corps isolants, ceux que Faraday a nommé *diélectriques*, doivent jouer, à l'égard des phénomènes électriques, un rôle comparable à celui que jouent les corps conducteurs ; il y a lieu de constituer, pour les corps diélectriques, une Électrodynamique analogue à celle qu'Ampère, W. Weber, F. Neumann ont constituée pour les corps conducteurs.

En second lieu, les actions électriques doivent se propager, au sein d'un corps diélectrique, de la même façon que la lumière se propage au sein d'un corps transparent ; et pour une même substance, la vitesse de l'électricité et la vitesse de la lumière doivent avoir la même valeur.

Maxwell chercha donc à étendre aux corps diélectriques les équations de la théorie mathématique de l'électricité, et à mettre ces équations sous une forme telle que l'identité entre la propagation de l'électricité et la propagation de la lumière s'y reconnût avec évidence. Mais les lois les mieux établies de l'Électrostatique et de l'Électrodynamique ne se prêtaient point à la transformation rêvée par le physicien écossais. Tantôt par une voie, tantôt par une autre, celui-ci s'acharna, tant que dura sa vie, à réduire ces équations rebelles, à leur arracher les propositions qu'il avait entrevues et qu'avec un merveilleux génie, il devinait toutes proches de la vérité ; cependant, aucune de ses déductions n'était viable ; s'il obtenait enfin les équations souhaitées, c'était, à chaque tentative nouvelle, au prix de paralogismes flagrants, voire de lourdes fautes de calcul.

Ce n'était certes point une œuvre allemande que l'œuvre de Maxwell ; pour saisir les vérités que lui révélait sa pénétrante intuition, l'esprit de finesse le plus prime-sautier et le plus audacieux qu'on eût vu depuis Fresnel y imposait silence aux réclamations les mieux justifiées de l'esprit géométrique. L'esprit géométrique avait, à son tour, le droit et le devoir de faire entendre sa voix. Maxwell était parvenu jusqu'à ses découvertes par un sentier coupé de précipices infranchissables à toute raison soucieuse des règles de la Logique et de l'Algèbre ; il appartenait à l'esprit géométrique de tracer une route aisée par où l'on pût, sans manquer en rien à la rigueur, s'élever jusqu'aux mêmes vérités.

Cette œuvre indispensable fut menée à bien par un Allemand, mais par un Allemand dont le génie paraît exempt des défauts de l'esprit germanique. Hermann von Helmholtz montra comment, sans rien abandonner des vérités éprouvées que l'Électrodynamique avait depuis longtemps conquises, sans heurter d'aucune façon les règles de la Logique et de l'Algèbre, on pouvait cependant atteindre au but que le physicien écossais s'était proposé ; il suffisait, pour cela, de ne pas imposer à la propagation des actions électriques une vitesse rigoureusement égale à celle que Maxwell lui assignait ; cette vitesse-là était seulement très voisine de celle-ci.

L'esprit de finesse et l'esprit de géométrie trouvaient également leur compte dans la belle théorie de Helmholtz ; sans rien renier de l'Électrodynamique construite par Ampère, par Poisson, par W. Weber, par F. Neumann, elle l'enrichissait de tout ce que les vues de Maxwell contenaient de vrai et de fécond. Cette théorie, si satisfaisante pour toute raison harmonieusement constituée, était proposée par un Allemand, et cet Allemand, qu'illustraient des découvertes faites dans les domaines les plus divers, jouissait, dans son pays, d'un grand et légitime renom. Elle ne trouva cependant, en Allemagne, aucune faveur. Les élèves mêmes de Helmholtz n'en firent point de cas. C'est l'un deux, Heinrich Hertz, qui donna à la pensée de Maxwell la forme où se complut, dès lors, la science allemande, car l'esprit géométrique en avait rigoureusement expulsé l'esprit de finesse.

Des objections aussi nombreuses que graves barraient la route aux méthodes diverses par lesquelles Maxwell avait tenté de justifier les équations qu'il souhaitait d'obtenir. Pour se débarrasser d'un seul coup de toutes ces objections, un moyen s'offrait, simple jusqu'à la brutalité ; ce moyen, c'était de ne plus voir, dans les équations de Maxwell, des objets de démonstration, de n'en plus faire les termes d'une théorie à laquelle les lois communément reçues de l'Électrodynamique dussent servir de principes ; c'était de les poser d'emblée, à titre de postulats dont l'Algèbre n'aurait plus qu'à dévider les conséquences. Ainsi fit Hertz. « La théorie de Maxwell, proclama-t-il, ce sont les équations mêmes de Maxwell. » A cette façon d'agir, l'esprit de géométrie des Allemands prit un goût singulier ; pour déduire, en effet, les corollaires d'équations dont l'origine n'est plus mise en question, il n'est nul besoin de recourir à l'esprit de finesse ; le calcul algébrique suffit.

Qu'à cette manière de procéder, le sens commun ne trouve pas son compte, cela va de soi. Les équations de Maxwell, en effet, ne heurtent pas seulement les enseignements que donne une Physique savante et compliquée ; elles contredisent, et d'une manière immédiate, des vérités accessibles à tous. Pour qui regarde ces équations comme universellement et rigoureusement vraies, la simple existence d'un aimant permanent est inconcevable. Hertz l'a très explicitement reconnu, et aussi Ludwig Boltzmann ; ni l'un ni l'autre, cependant, n'y a vu un motif suffisant pour refuser le titre d'axiomes aux équations de Maxwell. Or ce n'est pas seulement dans les laboratoires de Physique qu'on trouve des aimants permanents, des pierres d'aimant, des aiguilles, des barreaux, des fers à cheval en acier aimanté ; sur le pont de tout navire, l'habitacle de la boussole en contient ; on en rencontre même parmi les jouets d'enfants ; le sens commun est assurément dans son droit quand il interdit à l'esprit de géométrie d'en nier l'existence.

Des aimants permanents, il s'en trouve aussi dans les instrumens dont usent les physiciens qui, sur le conseil de Hertz, reçoivent les équations de Maxwell comme des ordres, qui soumettent leur raison à ces équations sans examiner les titres d'une telle autorité. A l'aide d'instruments pourvus d'aimants permanents, ces physiciens exécutent nombre d'expériences ; les résultats de ces expériences sont invoqués par eux lorsque, à quelque cas concret, ils prétendent appliquer les corollaires des équations de Maxwell ; ces résultats leur disent alors quelle valeur il convient d'attribuer à la résistance électrique ou au coefficient d'aimantation. Comment donc peuvent-ils faire usage d'aimants permanents au moment même qu'ils invoquent une doctrine dont les axiomes réputent absurde l'existence de semblables corps ?

Une telle inconséquence suit naturellement le défaut d'esprit de finesse. Réduit à ses propres forces, l'esprit géométrique ne saurait jamais appliquer ses déductions aux données de l'expérience. Entre les abstractions que le théoricien considère dans ses raisonnements et les corps concrets que l'observateur manipule au laboratoire, c'est l'esprit de finesse seul qui saisit une analogie et qui établit une correspondance ; le lien entre la Physique théorique et la Physique expérimentale se sent, il ne se conclut pas

Si une théorie a été composée suivant les lois d'une saine méthode, si l'esprit de géométrie et l'esprit de finesse y ont joué chacun son rôle légitime, la liaison entre les équations qu'analyse l'esprit de géométrie et les faits que constate le sens commun sera aisée et solide ; elle résultera des opérations mêmes par lesquelles l'esprit de finesse a, des enseignements de l'expérience, tiré les hypothèses qui portent la théorie. Mais si les fondements de la théorie n'ont pas été, par l'esprit de finesse, extraits des entrailles de la réalité, si ce sont postulats algébriques que l'esprit de géométrie a posés d'une manière arbitraire, entre les conséquences de la théorie et les résultats de l'expérience il n'y aura plus de contact naturel ; les déductions, d'une part, les observations, d'autre part, se développeront dans deux domaines séparés ; si, de l'un à l'autre, on établit quelque passage, ce sera d'une manière artificielle ; la légitimité de ces transitions ne se pourra plus justifier, dès là qu'on a privé de toute justification les principes même de la théorie. Ainsi verra-t-on appliquer les corollaires d'une déduction à des objets que les axiomes mêmes de cette déduction déclaraient inexistants.

IX

L'étude de divers effets électriques a conduit à supposer, puis, semble-t-il, à constater, au sein des gaz, l'existence de très petits corps électrisés, animés d'un mouvement rapide, qui ont reçu le nom d'*électrons*. En déplaçant vivement dans l'espace la charge électrique qu'il porte, un électron agit à la manière d'un courant électrique lancé dans un corps conducteur ; l'étude de ses courants est un nouveau chapitre de l'Électrodynamique ; ce chapitre, il s'agit de l'écrire.

Pour composer l'Électrodynamique de l'électron, on eût pu et dû, semble-t-il, imiter la méthode prudente par laquelle Ampère, W. Weber, Franz Neumann avaient composé l'Électrodynamique du corps conducteur ; mais cette méthode requérait des expériences délicates, des intuitions pénétrantes, des discussions ardues dont les travaux de W. Weber, de Bernhard Riemann, de Clausius donnaient un premier aperçu ; elle réclamait beaucoup d'ingéniosité et beaucoup de temps. L'Algébrisme trouva moyen de procéder avec moins de peine et plus de hâte. L'intensité des courants précédemment connus figurait dans les équations de Maxwell ; qu'on y ajoutât purement et simplement l'intensité du *courant de convection* dû au mouvement des électrons, sans changer d'autre manière la forme des équations, et l'on tiendrait le postulat fondamental de la nouvelle Électrodynamique. Aussitôt qu'un physicien hollandais, M. Lorentz, eut proposé cette hypothèse, les savants allemands se mirent, avec une ardeur extrême, à en déduire la Physique des électrons.

Cette Physique reposait ainsi tout entière sur une simple généralisation des équations de Maxwell. C'était bâtir sur une poutre qu'on savait vermoulue, et donc rendre caduc tout le monument. Portant en elles-mêmes une contradiction formelle avec la simple existence des aimants, les équations de Maxwell n'avaient pas été guéries de ce vice lorsqu'on y avait introduit le courant de convection. L'Électrodynamique nouvelle se présentait, de prime abord, comme l'ensemble des corollaires d'un postulat inadmissible.

Cette théorie, viciée dans les hypothèses mêmes qui la portent, n'hésita pas, cependant, à se poser en critique et en réformatrice des doctrines regardées jusqu'alors comme les plus solides. La Mécanique rationnelle, cette sœur aînée des théories physiques, que toutes les doctrines plus jeunes avaient, jusqu'alors, prise pour guide, dont elles s'étaient même efforcées, bien souvent, de tirer tous leurs principes ; la Mécanique rationnelle, disons-nous, se vit, par la nouvelle venue, ébranlée jusque dans ses fondements ; au nom de la Physique des électrons, on proposa de renoncer au principe d'inertie, de transformer entièrement la notion de masse ; il le fallait pour que la doctrine nouvelle ne fût pas contredite par les faits. Pas un instant, on ne s'est demandé si cette contradiction, au lieu d'exiger le bouleversement de la Mécanique, ne signalait pas l'inexactitude des hypothèses sur lesquelles repose la théorie électronique, et ne marquait pas la nécessité de les remplacer ou de les modifier. Ces hypothèses, l'esprit géométrique les avait posées à titre de postulats ; il en déroulait les conséquences avec une imperturbable assurance, triomphant des ruines mêmes qu'amoncelait, parmi les doctrines anciennement établies, le passage de la théorie conquérante. Guidé, cependant, par l'expérience du passé, instruit par l'histoire des grands progrès scientifiques, l'esprit de finesse, en cette marche dévastatrice, soupçonnait une mauvaise marque de vérité.

D'ailleurs, par cette inconséquence à laquelle se voit si souvent condamnée une raison dépourvue de finesse, les tenants de la Physique électronique ne se faisaient pas faute d'user, dans la pratique, et lorsqu'ils ne déroulaient pas les conséquences de leur doctrine préférée, des théories mêmes que cette doctrine condamnait ; leurs déductions exigeaient qu'on rejetât la Mécanique rationnelle ; mais, sans scrupule, ils faisaient appel aux théorèmes de la Mécanique rationnelle pour interpréter les indications des instruments dont ils empruntaient les renseignements.

X

La Physique nouvelle ne s'est pas contentée d'entrer en conflit avec les autres théories physiques, et en particulier avec la Mécanique rationnelle ; la contradiction avec le sens commun ne l'a pas fait reculer.

Une délicate expérience d'Optique, exécutée par M. Michelson, se trouve en désaccord avec la Physique électronique, comme elle l'est, d'ailleurs, avec la plupart des théories optiques proposées jusqu'à ce jour. Dans cette expérience, du moins si elle se trouve dûment confirmée et correctement interprétée, l'esprit de finesse nous conseille de voir la preuve qu'aucune Optique n'est, jusqu'ici, irréprochable, et la nécessité d'apporter à chacune d'elles au moins certaines retouches. L'esprit géométrique des physiciens allemands a été d'autre avis ; il a trouvé moyen de mettre d'accord les équations de la théorie électronique et le résultat de l'expérience faite par M. Michelson ; pour y parvenir, il lui a suffi de bouleverser les notions que le sens commun nous fournit touchant l'espace et le temps.

Les deux notions d'espace et de temps semblent, à

tous les hommes, indépendantes l'une de l'autre. La nouvelle Physique les unit entre elles par un lien indissoluble. Le postulat qui noue ce lien et qui, vraiment, est une définition algébrique du temps, a reçu le nom de *principe de relativité*; ce principe de relativité, d'ailleurs, est si pleinement une création de l'esprit géométrique qu'on ne saurait, en langage ordinaire et sans recours aux formules algébriques, en donner un énoncé correct.

Du moins peut-on montrer, en citant une des conséquences du principe de relativité, à quel point la liaison qu'il établit entre la notion d'espace et la notion de temps heurte les affirmations les plus formelles du sens commun.

Entre la grandeur du chemin parcouru par un corps mobile et le temps que dure ce parcours, notre raison n'établit aucun rapport nécessaire; quelque long que soit un chemin, nous pouvons imaginer qu'il soit décrit en un temps aussi petit que nous voudrons; si grande que soit une vitesse, nous pouvons toujours concevoir une vitesse plus grande. Sans doute, cette vitesse plus grande pourrait être, en fait, irréalisable; il se pourrait qu'aucun moyen physique n'existât actuellement, qui fût capable de lancer un corps avec une vitesse supérieure à une limite donnée; mais cette impossibilité, borne imposée au pouvoir de l'ingénieur, n'aurait rien d'une absurdité infranchissable à la pensée du théoricien.

Il n'en est plus de même si l'on admet le principe de relativité tel que l'ont conçu un Einstein, un Max Abraham, un Minkowski, un Laue; un corps ne saurait se mouvoir plus vite que la lumière ne se propage dans le vide; et cette impossibilité n'est pas une simple impossibilité physique, celle qu'entraîne, pour un effet, l'absence de tout moyen apte à le produire ; c'est une impossibilité logique ; pour un tenant du principe de relativité, parler d'une vitesse qui surpasse celle de la lumière, c'est prononcer des mots qui sont dénués de sens, c'est contredire à la définition même du temps.

Que le principe de relativité déconcerte toutes les intuitions du sens commun, ce n'est pas, bien au contraire, pour exciter contre lui la méfiance des physiciens allemands. Le recevoir, c'est, par le fait même, renverser toutes les doctrines où il était parlé de l'espace, du temps, du mouvement, toutes les théories de la Mécanique et de la Physique ; une telle dévastation n'a rien qui puisse déplaire à la pensée germanique ; sur le terrain qu'elle aura déblayé des doctrines anciennes, l'esprit géométrique des Allemands s'en donnera à cœur joie de reconstruire toute une Physique dont le principe de relativité sera le fondement. Si cette Physique nouvelle, dédaigneuse du sens commun, heurte tout ce que l'observation et l'expérience avaient permis de construire dans le domaine de la Mécanique céleste et terrestre, la méthode purement déductive n'en sera que plus fière de l'inflexible rigueur avec laquelle elle aura suivi jusqu'au bout les conséquences ruineuses de son postulat.

Décrivant « l'ordre de la géométrie, » Pascal disait : « Il ne définit pas tout et ne prouve pas tout ; mais il ne suppose que des choses claires et constantes par la lumière naturelle, et c'est pourquoi il est parfaitement véritable, la nature le soutenant, à défaut du discours. Cet ordre, le plus parfait entre les hommes, consiste non pas à tout définir et à tout démontrer, ni aussi à ne rien définir ou à ne rien démontrer, mais à se tenir dans ce milieu de ne point définir les choses claires et entendues de tous les hommes, et prouver toutes les autres. Contre cet ordre pèchent également ceux qui entreprennent de tout définir et de tout prouver, et ceux qui négligent de le faire dans les choses qui ne sont pas évidentes d'elles-mêmes.

» C'est ce que la Géométrie enseigne parfaitement. Elle ne définit aucune de ces choses, espace, temps, mouvement, nombre, égalité, ni les semblables qui sont en grand nombre....

» On trouvera peut-être étrange que la Géométrie ne puisse définir aucune des choses qu'elle a pour principaux objets ; car elle ne peut définir ni le mouvement, ni le nombre, ni l'espace ; et cependant ces trois choses sont celles qu'elle considère particulièrement... Mais on n'en sera pas surpris, si l'on remarque que cette admirable science ne s'attachant qu'aux choses les plus simples, cette même qualité qui les rend dignes d'être ses objets les rend incapables d'être définies ; de sorte que le manque de définition est plutôt une perfection qu'un défaut, parce qu'il ne vient pas de leur obscurité, mais au contraire de leur extrême évidence, qui est telle qu'encore qu'elle n'ait pas la conviction des démonstrations, elle en a toute la certitude. »

L'esprit exclusivement géométrique ne veut pas concéder à l'esprit de finesse le pouvoir de tirer du sens commun, où elles étaient contenues, certaines connaissances douées de cette extrême évidence qui n'a pas la conviction des démonstrations, mais qui en a toute la certitude. Il ne connaît d'autre évidence et d'autre certitude que celle des définitions et des démonstrations, en sorte qu'il en vient à rêver d'une science où toutes les propositions auraient été démontrées. Et comme il est contradictoire de tout définir et de tout démontrer, du moins veut-il réduire au plus petit nombre possible les notions non définies et les jugements non démontrés ; les seules idées qu'il consente à recevoir sans définition, ce sont les idées de nombre entier, d'égalité, d'inégalité, d'addition entre nombres entiers ; les seules propositions qu'il veuille bien accueillir sans en exiger la démonstration, ce sont les axiomes de l'Arithmétique. Lorsque, à partir de ces quelques notions et de ces quelques principes, il a développé l'ample doctrine de l'Algèbre, il entend bien ramener toute science à n'être qu'un chapitre de cette Algèbre. Les idées d'espace, de temps, de mouvement nous sont présentées par la connaissance commune comme des idées simples, irréductibles, qu'on ne saurait reconstruire à l'aide d'opérations portant sur des nombres entiers, qui sont donc essentiellement incapables d'une définition algébrique. Qu'à cela ne tienne ! L'esprit géométrique se refuse à considérer cet espace, ce temps, ce mouvement que conçoivent clairement tous les hommes et dont ils peuvent discourir entre eux sans cesser jamais de s'entendre. Par des opérations portant sur des expressions algébriques, c'est-à-dire, en dernière analyse, sur des nombres entiers, il se fabrique son espace à lui, son temps à lui, son mouvement à lui ; cet espace, ce temps, ce mouvement, il les soumet à des postulats qui sont des égalités algébriques arbitrairement disposées ; et lorsque, de ces définitions et de ces postulats, il a, selon les règles du calcul, rigoureusement déduit une longue suite de théorèmes, il dit qu'il a produit une Géométrie, une Mécanique, une Physique, alors qu'il a seulement développé des chapitres d'Algèbre ; ainsi s'est faite la Géométrie de Riemann ; ainsi s'est faite la Physique de la relativité ; ainsi la science allemande progresse, fière de sa rigidité algébrique, regardant avec mépris le bon sens que tous les hommes ont reçu en partage.

XI

De cette science allemande, nous n'avons encore considéré que la Géométrie, la Mécanique, la Physique ; c'en sont les parties où l'emploi des Mathématiques est incessant, celles donc qui, le plus aisément, se laissent revêtir de la forme algébrique. Mais les caractères que nous avons reconnus en examinant ces divers chapitres de la science allemande, l'observateur quelque peu attentif les retrouve, croyons-nous, s'il en considère les autres chapitres.

Nul n'ignore, par exemple, le développement extraordinaire qu'a pris, en Allemagne, l'étude de la Chimie. Or l'essor de la Chimie germanique date du jour où la notation atomique est issue des notions de type chimique et de valence, notions qu'avaient enfantées les travaux des J.-B. Dumas, des Laurent, des Gerhardt, des Williamson, des Wurtz. Cette notation, en effet, permet, à l'aide de règles fournies par la partie de l'Algèbre qu'on nomme *Analysis situs*, de prévoir, d'énumérer, de classer les réactions, les synthèses, les isoméries des composés du carbone. Aussi est-ce l'étude des composés du carbone, la Chimie organique, désormais sujette à l'emprise de l'esprit géométrique, qui a produit, dans les laboratoires allemands, des surgeons innombrables et d'une extraordinaire vigueur. Dans les nombreux chapitres qui composent la Chimie minérale, au contraire, les opérations mathématiques de la notation atomique sont d'un usage très restreint ; l'esprit de finesse est encore l'instrument qui démêle la complexité des réactions et qui classe les composés ; aussi ces chapitres de la Chimie n'ont-ils pas reçu, de la science allemande, un tribut comparable à celui que leur a payé la science française.

Nous ne voudrions pas nous aventurer dans le domaine de la critique et de l'histoire ; *ne sutor ultra crepidam* ; il semble, cependant, à nos yeux de profane, qu'on y trouverait occasion de faire des remarques semblables à celles qui précèdent.

Au gré de la science française, les études historiques ressortissaient essentiellement à l'esprit de finesse. L'ingéniosité et la vive imagination qui sont propres aux Français les portaient trop souvent, peut-être, aux conclusions aventureuses et aux synthèses de fantaisie. En prônant la minutieuse recherche des sources, le patient contrôle des textes, en réclamant la production de documents solides à l'appui de la moindre affirmation, l'esprit géométrique des Allemands est venu, très heureusement, refréner les imprudences d'un esprit de finesse trop prime-sautier. Mais il ne s'est pas contenté de rappeler à celui-ci que son pouvoir deviendrait bien fragile s'il n'étayait ses intuitions à l'aide de preuves assurées ; il a voulu l'exclure entièrement d'études où, jusque-là, il avait régné en maître. On a donc vu se développer cette érudition allemande dont la méthode, réglée comme un instrument d'horlogerie, prétendait nous mener, des textes aux conclusions, par des voies infaillibles, « sans le moindre appel au jugement et au bon sens vulgaire ». Par la rigueur de ses procédés, par l'allure systématique de ses opérations, voire par la forme, inintelligible aux profanes, de son langage et des signes qu'elle se plaisait souvent à employer, cette érudition s'efforçait visiblement de copier l'allure de l'Analyse mathématique.

Or les études qui requièrent le sens critique sont précisément celles où la méthode absolue et rigide de l'Algèbre se trouve, au plus haut point, déplacée. C'est surtout de l'examen d'un texte historique qu'on peut dire avec Pascal : « Les principes sont dans l'usage commun et devant les yeux de tout le monde. On n'a que faire de tourner la tête ni de se faire violence. Il n'est question que d'avoir bonne vue, mais il faut l'avoir bonne ; car les principes sont si déliés et en si grand nombre, qu'il est presque impossible qu'il n'en échappe. Or l'omission d'un seul principe mène à l'erreur. Ainsi il faut avoir la vue bien nette pour voir tous les principes, et ensuite l'esprit juste pour ne pas raisonner faussement sur des principes connus. »

Pour garder la vue bien nette de ces nombreux principes qui « sont dans l'usage commun et devant les yeux de tout le monde », est-il raisonnable de placer entre l'œil du bon sens et les documents qu'on lui demande de lire, les mailles inextricables et serrées de la méthode germanique ?

XII

A ces quelques réflexions, faut-il donner une conclusion ? Elle découle si naturellement, semble-t-il, de ce qui précède, que nous éprouvons quelque pudeur à la formuler ; aussi le ferons-nous avec une extrême brièveté.

La science française, la science allemande s'écartent toutes deux de la science idéale et parfaite, mais elles s'en écartent en deux sens opposés ; l'une possède à l'excès ce dont l'autre est maigrement pourvue ; ici, l'esprit géométrique réduit l'esprit de finesse jusqu'à l'étouffer ; là l'esprit de finesse se passe trop volontiers de l'esprit géométrique.

Pour que la science humaine, donc, se développe en sa plénitude et subsiste dans un harmonieux équilibre, il est bon qu'on voie la science française et la science allemande fleurir à côté l'une de l'autre, sans chercher à se supplanter l'une l'autre; chacune d'elles doit comprendre qu'elle trouve en l'autre son complément indispensable.

Toujours, donc, les Français trouveront profit à méditer les œuvres des savants allemands; ils y rencontreront soit la preuve solide de vérités qu'ils avaient découvertes et formulées avant d'en être bien assurés, soit la réfutation d'erreurs qu'une imprudente intuition leur avait fait recevoir.

Toujours, il sera utile aux Allemands d'étudier les écrits des inventeurs français ; ils y trouveront, pour ainsi dire, les énoncés des problèmes que leur patiente analyse se doit appliquer à résoudre; ils y entendront les protestations du bon sens contre les excès de leur esprit géométrique.

Que la science allemande soit, au XIXe siècle, sortie de l'œuvre des grands penseurs français, nul, je pense n'oserait le contester de l'autre côté du Rhin ; et nul, de ce côté-ci, ne songe à méconnaître les apports dont, plus tard, cette science allemande a enrichi nos Mathématiques, notre Physique, notre Chimie, notre Histoire.

Ces deux sciences, donc, doivent garder entre elles d'harmonieux rapports ; il n'en résulte pas qu'il les faille placer au même rang. L'intuition découvre les vérités ; la démonstration vient après, qui les assure. L'esprit géométrique donne corps à l'édifice que l'esprit de finesse a, tout d'abord, conçu ; entre ces deux esprits, il y a une hiérarchie analogue à celle qui ordonne le maçon à l'égard de l'architecte ; le maçon ne fait œuvre utile que s'il conforme son travail au plan de l'architecte ; l'esprit géométrique ne poursuit pas de déductions fécondes, s'il ne les dirige vers le but que l'esprit de finesse a discerné.

D'un autre côté, à la partie de la Science que construit la méthode déductive, l'esprit géométrique peut bien assurer une rigueur sans reproche ; mais la rigueur de la Science n'en est pas la vérité ; seul, l'esprit de finesse juge si les principes de la déduction sont recevables, si les conséquences de la démonstration sont conformes à la réalité ; pour que la Science soit vraie, il ne suffit pas qu'elle soit rigoureuse, il faut qu'elle parte du bon sens pour aboutir au bon sens.

L'esprit géométrique qui l'inspire confère à la science allemande la force d'une discipline parfaite ; mais cette méthode étroitement disciplinée ne saurait aboutir qu'à des résultats désastreux si elle continuait de se mettre aux ordres d'un impérialisme algébrique arbitraire et insensé ; la consigne à laquelle elle obéit, elle la doit recevoir, si elle veut faire œuvre utile et belle, de celle qui est, dans le monde, la principale dépositaire du bon sens, de la science française : *Scientia germanica ancilla scientiæ gallicæ.*

LAVAL. — IMPRIMERIE L. BARNÉOUD ET Cie.

TABLE DES MATIÈRES

LAVAL. — IMPRIMERIE L. BARNÉOUD ET Cie.

www.ingramcontent.com/pod-product-compliance
Ingram Content Group UK Ltd.
Pitfield, Milton Keynes, MK11 3LW, UK
UKHW020150200726
13856UKWH00003B/929

9 782011 94700